インプレス R&D [NextPublishing]

New Thinking and New Ways
E-Book / Print Book

簡単にできるWeb開発
CSP入門

高速のオブジェクト指向データベースを使ってみよう

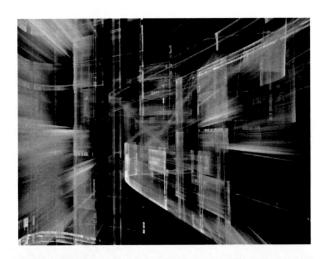

山本 和子
山本 聡
著

Webでデータベースを作る！

はじめに

　近年、インターネットは急速に発展してきました。そして、ホームページの作成方法についての解説書が多数発行されてきました。しかし、ホームページから入力されたデータをデータベースに保存し、そのデータベースを検索し、集計してホームページに表示したりするための解説書はあまり多くありません。

　本書は、オブジェクト指向データベース言語である Caché ObjectScript とホームページを作成するための Caché Server Page（CSP）のプログラミングの技法を解説した、初心者用の入門書です。ホームページの作成やプログラミングの解説書を手にした初心者がまず躓くのは、難解な専門用語を読み解くことにあると思います。本書では極力専門用語の使用を省き、プログラミング技法をできるだけ分かりやすく解説しています。

　Caché ObjectScript は FORTRAN 等の言語と違い、同じ業務に対していく通りかのプログラムを書くことができます。業務用のプログラムを見ると、プログラマーにより千差満別の表現があるので、非常に難解で複雑なプログラムに出くわすことがあります。しかし、プログラムはもっとも簡潔に、誰にでも理解できるように書くべきだと思っています。

　本書は、データベースを中心に、HTML のフォームに入力されたデータをデータベースに新規保存と修正保存する方法、データベースから必要なデータを検索する方法、検索したデータを HTML のフォームに表示する方法、それらをホームページに表示したり CSV ファイルに書き出したりする方法、CSV ファイルからデータを読んでデータベースに保存する方法、各種の計算方法などを記述しています。

　全章にわたって、テーマは各々異なりますが同じプログラミングの技法を繰り返しています。その中でいくつかの異なる技法があれば例示しています。すなわち、本書のプログラミング技法を理解し、それらのコードをコピー＆ペーストすれば目的が達成されますから、効率よくプログラムを作成できるということです。一度試してみてください。

2017年12月　山本　和子

注意事項と免責事項

　本書に掲載しているプログラムを実行した結果生じるトラブルに関しては一切の責任を負いません。

　無料の Caché 評価版をご利用になりたい方は下記よりダウンロードできます。
http://www.intersystems.com/jp/library/software-downloads/

　InterSystems Caché は米国インターシステムズコーポレーションおよびその子会社の登録商

標です。本書に掲載された操作法の画面はCachéの中から抜粋しています。

本書はWindows上での操作をもとに解説しています。Cachéは、Windowsのほか、OS X、Linuxにも対応しています。

本書では、ソースコードの背景には網をかけています。1つの網かけボックスの中に複数行入っているものは、改行しないで1行に連結してください。通常は半角スペース1つ分を空けて連結します。場合により、半角スペースを入れないものもあります。なお、電子書籍版では表示するデバイスやデバイスの設定によって網かけが表示されない場合があります。

本書に掲載したサンプルのソースコードは、下記のWebページからダウンロードできます。なお、このダウンロードサービスはあくまで読者サービスの一環として実施するもので、利用期間を保証できません。

http://www.roops.co.jp/support.html

本書の内容

第1章　CSPの基本を覚えよう ― 身長を登録してみる

ネームスペース、クラス、プロパティを定義すれば、ウェブフォームウィザードによってホームページが自動的に作成されます。こんな便利なものはありません。身長を登録してみて、HTMLのフォームに入力されたデータがCachéデータベースに正しく保存され、検索、参照できることを体感してください。

第2章　データベース作成 ― 計測値のデータベースを作ろう

第1章の身長を登録する例を参考に、本格的なデータベースを作成します。例題では、個人番号、氏名、身長、体重のデータベースを作成しています。データの入力、保存、検索、データベース画面の表示や印刷を実行するためのプログラミングを解説します。

第3章　数値計算 ― Web計算機を作ろう

Caché ObjectScriptの数値計算方法を習得しましょう。例題として、ちょっと計算ゲームに近いようなものを紹介しています。

第4章　統計解析 ― データを集計しよう

第3章で学ぶ数値計算方法と第2章で作成するデータベースに保存されているデータを用いて、簡単な統計計算をする方法を習得しましょう。

はじめに　3

第5章　画像の表示 ― ホームページを作ろう

　画像の表示方法を学びます。データベースに保存されているデータをホームページに表示するための、さまざまな方法を勉強しましょう。

第6章　画面構成 ― メニューにまとめよう

　簡単な画面推移図を作成します。第5章までに作成した画面と比較しながら、ログインやメニューから見たいページを選択できるようにする方法を習得しましょう。

第7章　全章のまとめ ― その他の基本事項と全体のまとめ

　データベースに関する基本的なことは、第1章から第6章の中に網羅されています。この章では変数と配列について解説しています。変数と配列を利用すると、より高度なプログラミングを習得できます。さらに全章のまとめ、Caché ObjectScriptのコマンドと関数、プログラミングに関する用語についても触れています。

目次

はじめに ……………………………………………………………………………… 2

注意事項と免責事項 ………………………………………………………………… 2

本書の内容 …………………………………………………………………………… 3

イントロダクション ………………………………………………………………… 9

   Ⅰ Caché について ………………………………………………………………… 9

   Ⅱ CSP（Caché Server Page）を使った Web 開発 …………………………… 10

   Ⅲ 実業務に利用した場合の例 ………………………………………………… 11

第1章 CSP の基本を覚えよう — 身長を登録する ………………………………… 14

  1.1 Caché CSP の基本的な使い方 …………………………………………………… 14

  1.2 身長登録のネームスペースの定義 …………………………………………… 19

  1.3 身長登録のクラスの定義 ……………………………………………………… 26

  1.4 身長登録のプロパティの定義 ………………………………………………… 29

  1.5 身長登録のフォームを作る …………………………………………………… 33

  1.6 保存できたかを確認する ……………………………………………………… 42

  1.7 検索する ………………………………………………………………………… 46

  1.8 ％ID を追加する ………………………………………………………………… 49

  本章のまとめ ……………………………………………………………………… 54

第2章 データベースの作成 — 計測値のデータベースを作ろう …………………… 56

  2.1 計測値データベースを定義する ……………………………………………… 56

  2.2 計測値登録のフォームを作る ………………………………………………… 57

  2.3 計測値データベースにデータを登録する …………………………………… 58

  2.4 クエリを用いて計測値データベースを検索する …………………………… 64

  2.5 データの検索・表示・修正・保存 …………………………………………… 69

  2.6 データの印刷 …………………………………………………………………… 76

  2.7 外部ファイルのデータを読んでデータベースに保存する ………………… 83

  2.8 全体的な注意点 ………………………………………………………………… 95

  本章のまとめ ……………………………………………………………………… 98

第3章 数値計算 — Web 計算機を作ろう …………………………………………… 100

  3.1 Web 計算機のフォームを作る ……………………………………………… 100

3.2　ターミナルを使う　計算方法の確認 ……………………………………………… 102

3.3　計算ボタンを付ける　メソッドと引数 ……………………………………………… 105

3.4　計算するメソッドと引数 ……………………………………………………………… 107

3.5　結果の確認　オブジェクトインスペクタで見る …………………………………… 109

3.6　各種計算機能の追加 …………………………………………………………………… 110

3.7　AからBずつ増加してCまでの数の合計を計算する ……………………………… 119

3.8　その他の便利な機能の追加 …………………………………………………………… 121

3.9　計算過程の保存と表示 ………………………………………………………………… 125

3.10　Web計算機を検証する ……………………………………………………………… 130

本章のまとめ ………………………………………………………………………………… 137

第4章　統計解析 ― データを集計しよう ……………………………………………… 139

4.1　肥満度の計算 …………………………………………………………………………… 139

4.2　修正保存の方法 ………………………………………………………………………… 143

4.3　クエリを用いた必要なデータの抽出 ………………………………………………… 145

4.4　最大・最小値と平均値、標準偏差の計算 …………………………………………… 146

4.5　度数分布表の作成と印刷 ……………………………………………………………… 152

本章のまとめ ………………………………………………………………………………… 159

第5章　画像の表示 ― ホームページを作ろう ………………………………………… 160

5.1　ホームページの構成 …………………………………………………………………… 160

5.2　イベントの登録のフォームの作成 …………………………………………………… 160

5.3　ホームページのトップ画面の作成 …………………………………………………… 164

5.4　イベントの内容を詳細表示するページ ……………………………………………… 171

5.5　天気予報の登録画面（フォーム）の作成 …………………………………………… 173

5.6　週間天気予報のページ1：タテに表示 ……………………………………………… 179

5.7　週間天気予報のページ2：タテとヨコの表示を変更 ……………………………… 188

5.8　ログインIDとパスワードを使用したデータ登録の管理 ………………………… 190

5.9　ホームページの完成 …………………………………………………………………… 196

本章のまとめ ………………………………………………………………………………… 198

第6章　画面構成 ― メニューにまとめよう …………………………………………… 200

6.1　全体のメニューの作成 ………………………………………………………………… 200

本章のまとめ ………………………………………………………………………………… 212

第7章　全章のまとめ ― その他の基本事項と全体のまとめ ………………………… 214

7.1 変数と配列 ………………………………………………………………… 214

7.2 全体のまとめ ………………………………………………………………… 217

著者紹介 ………………………………………………………………………… 227

イントロダクション

Ⅰ　Cachéについて

　Cachéとはインターシステムズ社が開発したポストリレーショナルデータベース、すなわちデータベース管理システムです。1967年にMassachusetts General Hospitalで開発されたプログラム言語「MUMPS」をルーツにしています。

「MUMPS」は、やがてアメリカ標準（ANSI）、国際標準（ISO）、日本標準（JIS）を獲得して「M言語」と称することになります。その後、インターシステムズ社が「M言語」に多数の機能を追加して「Caché」を開発しました。

「Cachéの最大の特徴は、超高速データベースと強力な文字処理能力である。」と大櫛陽一先生が端的に要約されています［文献1］。

　「MUMPS」はCOSTERという米国の病院外来システムで多用されていました。日本の病院情報システムにも広がりました。しかし「MUMPS」には開発用のエディターと端末用のフロントエンドがありませんでした。

　一方、コンピュータは年々小型化し、端末にWindowsが使用されるようになりました。Windows用プログラミング言語としてVisual Basicが開発され、病院情報システム等では、端末でVisual Basicが動き、入力されたデータは中央の「MUMPS」データベースに転送され蓄積されるようになりました［文献4］。

　その後、M言語はCaché ObjectScriptとなり、機能は驚異的に拡大していきます。SQLの機能が追加されました。プログラム開発に使用できるエディター（スタジオ）ができました。画期的なできごとでした。

　Cachéはますます拡張され、Caché CSPが開発されました。端末にVisual Basicを使用し、入力されたデータを中央のCachéデータベースに送る仕組みを開発するのは難しいです。WebブラウザとWebサーバとの組み合わせ［文献5］なら、端末に別のソフトウェアVisual Basic等を入れる必要はありません。開発は簡単です。したがって、Caché CSPはインターネット以外の実業務システムにも利用されるようになり、現在に至っています。

　拡張された主たる機能は以下のとおりです。

・ビックデータ：DeepSeeを用い、リアルタイムにビックデータを分析する。
・人工知能：iKnowテクノロジーを用い、非構造データから洞察を得る。
・位置情報：iFindによって位置を検索する。
・データベース：JSONが利用可能。

・モバイル：モバイルデバイス向けに設計されているので、簡単にモバイル開発を行える。
・Web：Webサイト用の分散SQLデータ・エンジンが使用可能。

　Cachéは各種OSにインストール可能です。シングルユーザーの組み込みシステムから、何万の同時ユーザーを持つマルチサーバまでインストールできる、世界中で利用されているアプリケーションです［文献5］。

［参考文献］

［1］W. キルステン，M. イリンガー，M. キューン，B. レーリッヒ著，大櫛陽一監修，小田嶋由美子訳：オブジェクトデータベースCaché入門，監修者のことば，P.iii，P.315，シュプリンガー・フェアラーク東京株式会社，2004

［2］大櫛陽一，岡田好一編集：Mプログラミング入門，共立出版，1996

［3］山本和子，笹川紀夫，橋本直子，荒川千雅子：やさしいデータベースM言語入門，日本Mテクノロジー学会出版会，1997

［4］山本和子：オブジェクト指向データベースVisual Basic＋Caché入門，日本Mテクノロジー学会出版会，2002

［5］佐藤比呂志：Cachéデベロッパーズガイド，翔泳社，2009

II　CSP（Caché Server Page）を使ったWeb開発

　一般的に、WebサーバとWebブラウザとの関係は図1のようになっています。

図1　WebサーバとWebブラウザとの関係

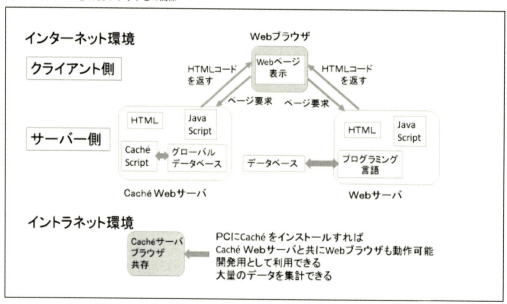

　Webブラウザからの要求を受けたWebサーバは、要求に応じたHTMLコードをWebブラウザに返します。WebブラウザはWebページを表示するだけです。図1ではCaché CSPをインストールしたWebサーバをCaché Webサーバと称しています。

Caché CSPの場合は、WebブラウザからWebサーバに要求があれば、CSP Webゲートウェイを通してCaché Webサーバに要求を転送します。Caché Webサーバは要求されたデータをWebサーバに返し、WebサーバはそれをWebブラウザに返します［文献1］。ただし図1のように、Caché WebサーバはWebサーバの中にあっても、Webサーバの外にあっても機能します。Webサーバの中にある方が便利なようにも思われますが、目的次第です。

　図1に示したように、Webブラウザで入力されたデータは、Webサーバのハードディスクにあるデータベースに保存されます。データベースにはさまざまなものがあります。それらに応じたプログラミング言語で、データベースにデータを保存します。データベースからデータを検索して、結果がWebブラウザに表示されます。この仕組みをプログラミングしてコード化していくのは、なかなか大変な作業になります。

　Cachéのバックグラウンドで動いているM言語は、言語であると同時にデータベース言語でもありますので、プログラミングは比較的簡単です。それに加えて、CachéにはJava Scriptと同様な機能も付加されていますので、Java Script経験者は容易にCaché CSPの世界に入ることができます。

　すなわち、Caché CSPの開発には、Webデザイナー用の「タグベースの開発」方法と、業務ロジックとデータベースからコンテンツの提供を担当するプログラマ用の「コードベースの開発」方法のいずれかを選択することができます［文献1］。

　なお、特殊な例として、図1の下段に図示しているように、パソコンにCachéをインストールするだけで、TCP/IPプロトコルを設定しなくても、Webブラウザも動作します。そのときのURLは、

Localhost:57772/csp/sosahou/teventhom.csp

のような形になります。この機能を利用して、パーソナルコンピュータ1台をWebサーバの開発用として、または大量のデータの集計用として利用できます。本書は、すべてパーソナルコンピュータ1台単独の構成で使用しています。

III　実業務に利用した場合の例

　図1のような構成のシステムは、1台のCaché Webサーバがあれば、そこに接続されているPCは、ユーザー数の許すかぎりCaché Webサーバにログインできます。単純で簡単な開発しやすいシステムのため、インターネット上でホームページを公開・運営する以外の実業務システムとしても利用できます。図2にさまざまな利用例を図示します。

　例えば、インターネットで本を販売するとします。インターネットのホームページのWebサーバBに広告を出し、申込者を募集します。申込者があれば、本の送付先の住所の記載を求め、WebサーバBのデータベースに一時保存し、同時に請求書を発行します。

　インターネット上のWebサーバBのデータベースは何らかの攻撃を受ける可能性があります。そこで、安全のために、データベースのデータは、毎日CSVファイルにして取り出し、実業務

用Caché Web内部サーバに移し換え、元のデータベースのデータは消去しておきます。

インターネットとはまったく遮断された実業務システムのCaché Web内部サーバに移されたデータは、

1. IDが付けられ、Cachéのグローバルデータベースに保存されます。
2. 本の入金が確認された時点でデータベースを検索し、本人かどうかを確認します。その後、入金情報がデータベースに登録されます。
3. 同時に、入金を管理している勘定元帳データベースにもデータは転送されます。
4. 申込者の氏名や住所の変更通知が来ればデータベースを検索し、データが修正されます。
5. 申込者には本が発送されます。
6. 本を発送すると、その情報がデータベースに記録されます。
7. 月単位での本の販売冊数、原価と収益の計算、キャンセルが何件あったかなどが、データベースからの情報をもとに集計されます。

以上のように、一度入力されたデータは次々と別のデータベースに転送されるので、入力作業の省力化をはかり、効率のよいシステムを構築することができます。本の販売以外にも、各種セミナー等の申し込み、アンケート調査、e-Learningなど、多岐にわたって利用可能です。

図2　インターネットとイントラネットの関係

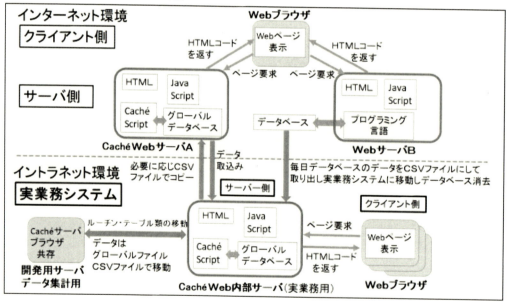

図2ではインターネット環境とイントラネット環境（実業務システム）の2つに分かれています。

図2上部のインターネット環境は、図1と同じです。WebサーバとWebブラウザとの関係を図示しています。WebサーバとしてWebサーバAとWebサーバBの2種があります。どちらを使用してもかまいません。WebサーバAは、Cachéをインストールし、データベースにCaché

のグローバルデータベースを使用する場合です。WebサーバBは、Caché 以外のプログラミング言語、例えばプログラミング言語にPHPを用い、外部データベースにMySQLを利用したりする場合です。いろいろな方法があり、通常のインターネット環境と同様です。

　図2下部右側には、実業務用のWeb内部サーバと端末（Webブラウザ）との関係を図示しています。Web内部サーバにCachéをインストールします。ここは、インターネットとまったく遮断されています。

　前述の本の販売の例に戻ります。インターネット上のWebサーバAまたはBから、本の購入を申し込まれた方のデータは、毎日、Caché Web内部サーバ（図2下部右側）の中にあるCachéグローバルデータベースに取り込み保存します。

　本の購入に関する1～7の業務はCaché Web内部サーバで実行されます。

　図2の下部左側はWebサーバ開発用・データ集計用のPCです。Webブラウザの機能も持っています。Caché に特化した利用法があり、Caché Web内部サーバとの間でデータの取り込みや、ルーチン・テーブル類の相互移動もあります。

　Caché WebサーバAにおいても、Caché に特化した利用法があり、Caché Web内部サーバとの間でデータの取り込みや、ルーチン・テーブル類の相互移動もあります。

　Caché Web内部サーバも、ユーザー数の規模に応じて、通常のサーバ機を用いますが、ユーザー数が少ないときは、通常のパーソナルコンピュータをサーバ機にしても大丈夫です。

　Caché はコンピュータの規模に関係なくインストールできます。WindowsでもMacでも、リナックスでも、OSは問いません。ノートPC単独で、サーバ開発用として、データ集計用として、利用することができます。

第1章　CSPの基本を覚えよう ― 身長を登録する

【学習目標】
　Cachéの概要、CSPの基本、スタジオの使い方、デバッグの方法、ネームスペース・クラス・プロパティの定義、SQLとグローバルについて学ぶ。

1.1　Caché CSPの基本的な使い方

1.1.1　Cachéのインストール

　Cachéのインストールは、Caché購入時に説明書が付いていますから、それにしたがって行ってください。簡単にインストールできます。

　Cachéがインストールされると、Windowsのタスクバー（通常は画面の最下位）にCachéキューブのアイコンが表示されます。アイコンが表示されていない場合は、隠れているインジケーターを表示するなど、タスクバーの設定を変更してください。

図1.1.1-1　タスクバーに表示されたCachéキューブのアイコン

　Cachéキューブのアイコンが青色のとき、Cachéは起動中です。
　Cachéキューブがアイコンが灰色のとき、Cachéは停止しています。

1.1.2　Cachéの起動開始と停止

　タスクバーのCachéキューブのアイコンをマウスで右側クリックすると、Cachéのメニュー（図1.1.2-1）が表示されます。

図1.1.2-1　Caché のメニュー

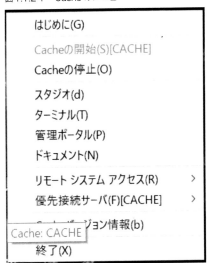

　起動時に自動的に Caché が起動するように設定しておくと、Caché キューブは常に青色になっています。Caché を停止するときは、図1.1.2-1のCaché メニューから「Caché の停止」を選択します。確認画面が出ますので「シャットダウン」を選択し、「OK」を押します。Caché は停止し、Caché キューブは灰色になります。

1.1.3　管理ポータルを使う

　Caché のメニュー（図1.1.2-1）で管理ポータルを選択します。管理ポータルで第一にしなければならないのはシステム管理です（図1.1.3-1）。この中でプログラムの開発上必要なのは、システム構成です。割り当てられるディスクの容量、その名称（ネームスペース）、データベースを保存するフォルダ名などです。

図1.1.3-1　管理ポータルのシステム管理メニュー

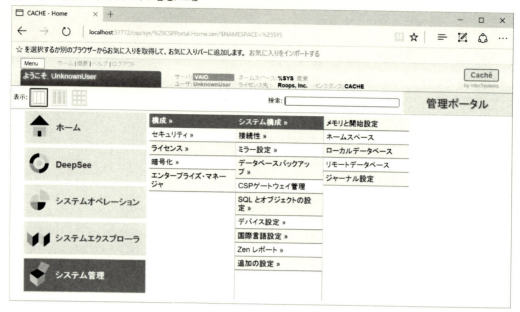

　システム管理では、ネームスペースを定義します。メニューで、「システム管理」→「構成」→「システム構成」→「ネームスペース」を選択します。ここでネームスペースが定義できます。
　システム管理で設定したネームスペースに登録されたデータを参照したいときに、システムエクスプローラを使用します（図1.1.3-2）。

図1.1.3-2　管理ポータルのシステムエクスプローラ

　SQLとグローバルは頻繁に使用しますので、操作法をよく覚えておいてください。

Cachéは、バックグラウンドではM言語（Caché ObjectScript）のデータベースを使用していますが、一般にリレーショナルデータベースがよく知られていますので、表形式のデータベースにして、SQLでデータを検索できるようになっています。そのため、管理ポータルでSQLを選択すれば、データベースのデータは表形式で表示されます。

　グローバルを選択すれば、M言語のグローバル変数のままで表示されます。内容はまったく同じです。ただし、データベース登録時に、データベース名（クラス）と変数名（プロパティ）が定義されていないと、SQLには出てきませんから注意してください。

1.1.4　スタジオを使う

　Cachéのメニュー（図1.1.1-1）でスタジオを選択します（図1.1.4-1）。ネームスペースは管理ポータルで登録します。クラスとプロパティはスタジオで定義します。スタジオの上段にメニューがあります。クラスとプロパティを定義した後で、上段メニューの「ファイル」→「新規作成」を選択します。エディターが開きますので、そこでプログラムを作成し保存します。それ以後は、「ファイル」→「開く」を選択し、エディター上に保存したプログラムを開き、追加・修正していきます。

　その他、「編集」メニューでエディターの編集ができます。「表示」メニューではWebの画面を表示したり、「デバッグ」メニューではデバッグしたりするなど、スタジオにはいろいろな機能が整備されていて便利です。

図1.1.4-1　スタジオの画面

1.1.5　ターミナルを使う

　Cachéのメニュー（図1.1.1-1）でターミナルを選択します（図1.1.5-1）。ここでCaché ObjectScriptのコマンド等を確認することができます。

　システムにはUSERというネームスペースが登録されています。USERにはいろいろな例題が入っています。ターミナルを開くと、自動的にUSER＞が表示されています。ここでUSER

というネームスペースにあるデータを参照したり、新たにデータを保存したりできます。

　ネームスペース USER を別のネームスペース、例えば SAMPLES というネームスペースに変更したいときは、

```
USER>ZN "SAMPLES"
```

とすれば、ネームスペースを SAMPLES に変更できます。

図 1.1.5-1　ターミナル

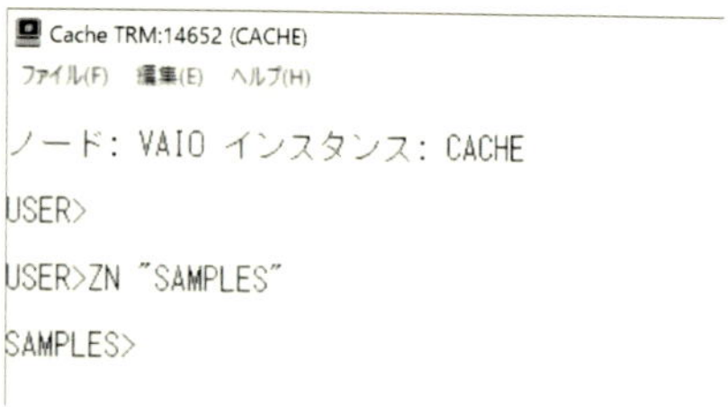

```
ノード: VAIO インスタンス: CACHE
USER>
USER>ZN "SAMPLES"
SAMPLES>
```

1.1.6　マニュアルを見る

　Caché のメニュー（図 1.1.1-1）でドキュメントを選択します（図 1.1.6-1）。詳細なマニュアルが表示されますので、細かいことはドキュメントで調べてください。

図 1.1.6-1　Caché ドキュメント

1.2 身長登録のネームスペースの定義

身長の登録画面を作成しましょう。ネームスペースの名称は操作法、すなわちsousahouとします。身長データベース（データとルーチン）を保存するフォルダ名はsousaとします。

1.2.1 データベースのフォルダを作る

はじめに、Cドライブの「InterSystems」の下に「sousa」というフォルダを作っておきます。場所はどこでもかまいませんが、とりあえずこの場所にします。フォルダは空のままです。

1.2.2 ネームスペースを定義する

Cachéキューブをクリックして Cachéメニューの「管理ポータル」（図1.2.2-1）を選択します。

図1.2.2-1　管理ポータルの画面

管理ポータルで「システム管理」→「構成」→「システム構成」を選択し、次に「ネームスペース」を選択すると（図1.2.2-2）、現在のネームスペース一覧表（現在のネームスペースおよびそれらのグローバルルーチンに対するデフォルトデータベース）の画面が表示されます（図1.2.2-3）。Cachéをインストールしたばかりですから、Cachéに組み込まれたネームスペース一覧のみが表示されています。

図1.2.2-2　ネームスペース選択画面

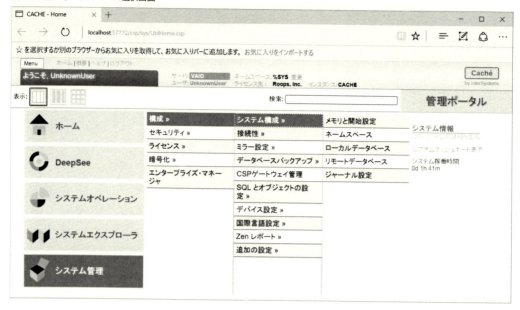

図1.2.2-3　ネームスペース一覧表

　図1.2.2-3で「新規ネームスペース作成」を選択します。図1.2.2-4の新規ネームスペース作成画面が表示されます。ここでネームスペース名sousahouと新規データベースのフォルダ名sousaを入力します。「保存」ボタンを押すと、図1.2.2-5のディレクトリ選択ダイアログが表示されますので、先ほど作成したデータベースのフォルダsousaを選択して、「OK」を押します。

図1.2.2-4　新規ネームスペース作成画面

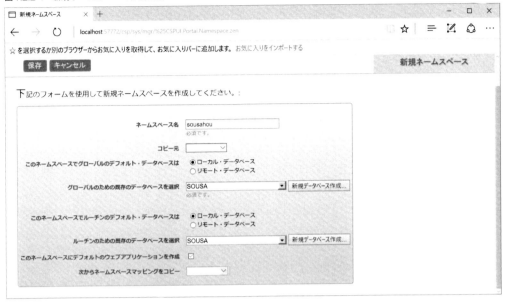

図1.2.2-5　ディレクトリ選択ダイアログ

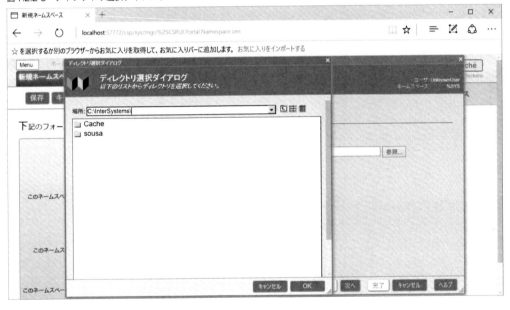

　sousaを選択して「OK」を押すと、図1.2.2-6のデータベースウィザードが開きます。「参照」ボタンを押してデータベースを保存するフォルダを選択して「次へ」を押します。

図1.2.2-6　データベースウィザード1

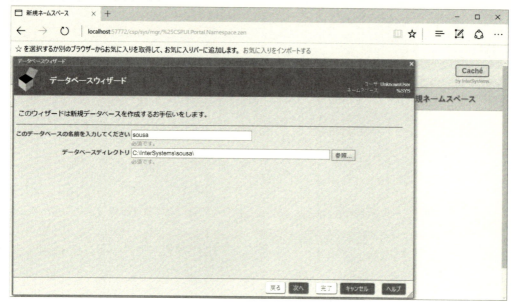

図1.2.2-7　データベースウィザード2

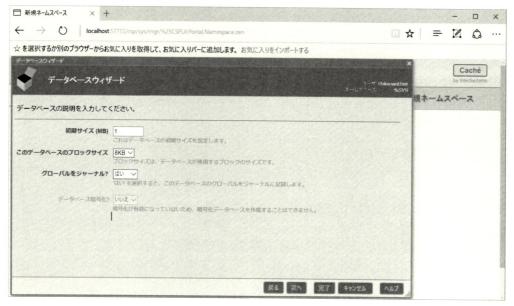

ここでデータベースのサイズ等を登録します。

図 1.2.2-8　データベースウィザード 3

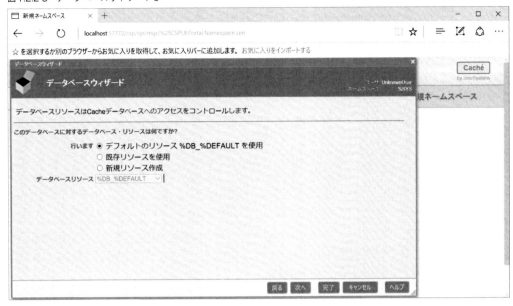

　図1.2.2-8で、「デフォルトのリソースを使用」を、「新規リソース作成」に変更して、データベースリソースを「%DB_SOUSA」に変更します。

図 1.2.2-9　データベースウィザード 4

　ここで確認画面が出ます。データベースリソースが変更されていませんでした。前に戻って「%DB_%DEFAULT」を「%DB_SOUSA」に修正します。
　以上、データベースウィザードを 1〜4 まで実行し、最後に「次へ」を押します。ネームスペー

ス一覧（図1.2.2-10）が表示されました。

図1.2.2-10　ネームスペース一覧

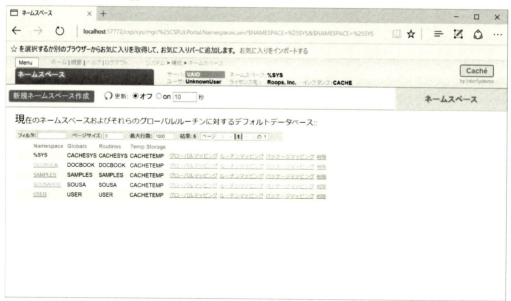

ネームスペースSOUSAHOUが新規に定義されていることを確認してください。次に、管理ポータルに戻って、「ローカルデータベース」を選択し、新規に定義したSOUSAが、正しく定義されているか確認してください。リソースは「%DB_SOUSA」になっています。ここで間違いに気づけば、SOUSAを選択して変更画面（図1.2.2-12）を開き、修正できます。

図1.2.2-11　ローカルデータベース一覧

図1.2.2-12　新規リソース作成変更画面

第1章　CSPの基本を覚えよう — 身長を登録する　25

1.3 身長登録のクラスの定義

1.3.1 身長登録のクラスを定義する

クラスはスタジオから定義します。Caché メニューを開いて「スタジオ」(図1.3.1-1) を選択します。スタジオが開きます (図1.3.1-2)。向かって右のワークスペースを見ると、ネームスペースはUSERになっています。ネームスペースをSOUSAHOUに変更しましょう。「ファイル」を開いて「ネームスペース変更」を選択します (図1.3.1-2)。

図1.3.1-1　Caché メニュー

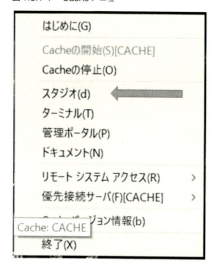

図1.3.1-2　スタジオ

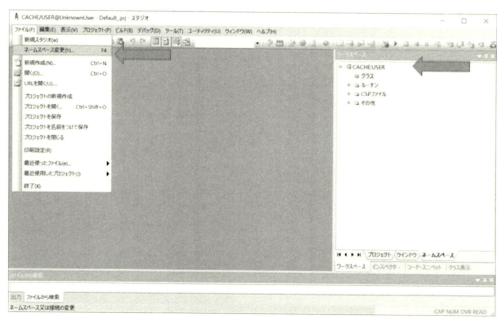

図1.3.1-3　ネームスペース変更画面

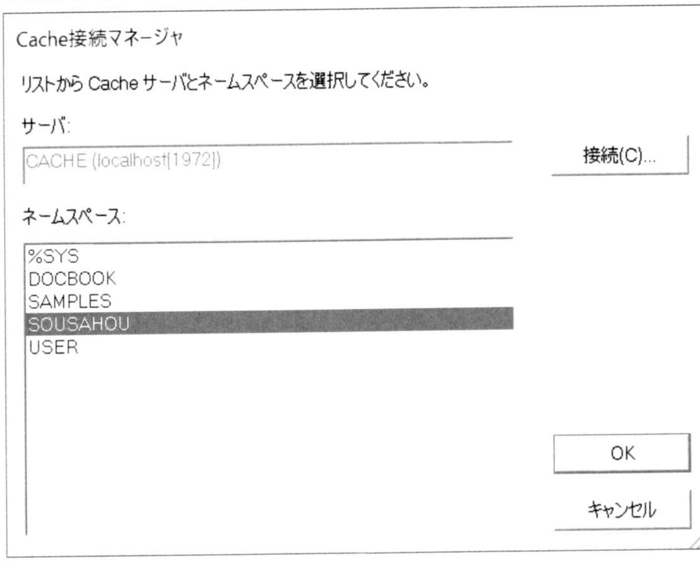

ネームスペース変更画面で、サーバに接続し、ネームスペースのSOUSAHOUを選択します（図1.3.1-3）。ワークスペースのネームスペースはSOUSAHOUに変更されました（図1.3.1-4）。

図1.3.1-4　スタジオのネームスペース変更確認

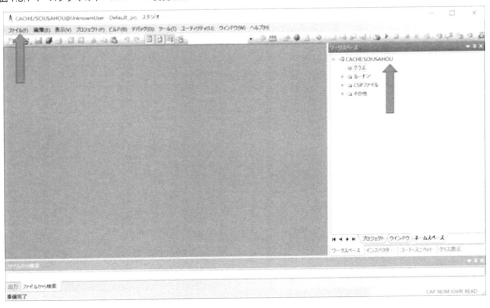

クラスを定義します。スタジオの左上、「ファイル」の「新規作成」を選択すると、新規作成画面が開きます（図1.3.1-5）。カテゴリを「一般」にして、「Cachéクラス定義」を選択すると、新規クラスウィザード（図1.3.1-6）が開きます。ここで、パッケージ名のsousaとクラス名

のkeisoku、新しいクラスの説明を入力します。

図1.3.1-5 クラスの定義

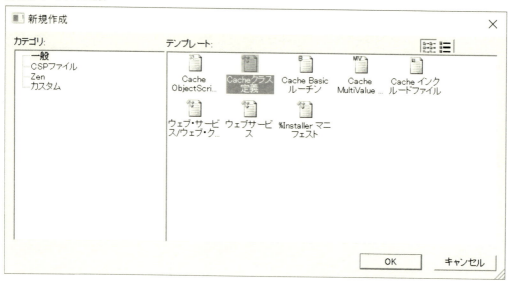

図1.3.1-6 新規クラスウィザード

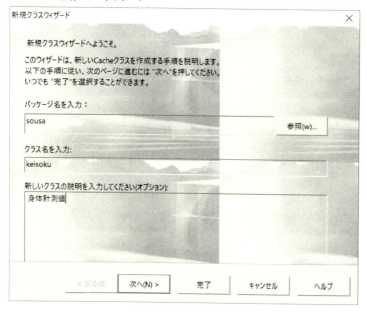

sousa.keisokuのクラスの定義ができました（図1.3.1-7）。保存しておきましょう。

図1.3.1-7　クラスの定義

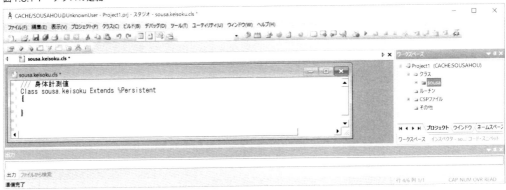

パッケージ名をsousaにしました。たまたまローカルデータベースの保存場所名と同じになっていますが、同じでなくてもかまいません。

1.4　身長登録のプロパティの定義

1.4.1　身長登録のプロパティを定義する

プロパティshinchoを定義します。スタジオに図1.3.1-7のクラスの定義が表示されている画面で、上段メニューの「クラス」から「追加」→「プロパティ」を選択します（図1.4.1-1）。新規プロパティウィザードが始まります（図1.4.1-2）。

図1.4.1-1　プロパティの定義開始

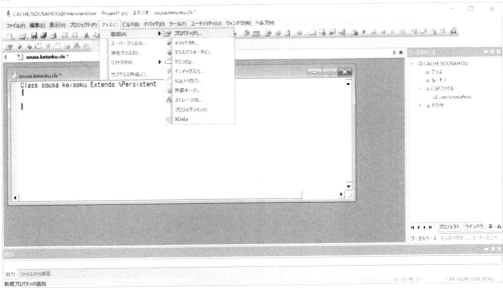

第1章　CSPの基本を覚えよう — 身長を登録する　29

図1.4.1-2　新規プロパティウィザード1

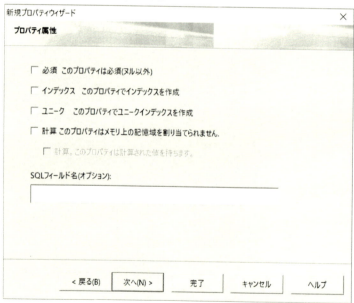

図1.4.1-3　新規プロパティウィザード2

30 ｜ 第1章　CSPの基本を覚えよう — 身長を登録する

図 1.4.1-4　新規プロパティウィザード 3

図 1.4.1-5　新規プロパティウィザード 4

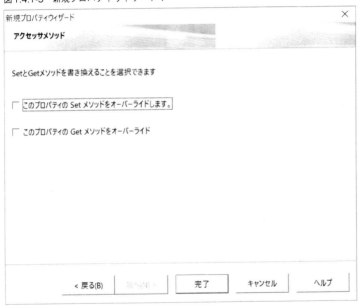

クラスにプロパティ shincho が挿入されました（図 1.4.1-6）。

図 1.4.1-6　クラス sousa.keisoku にプロパティ shincho 登録

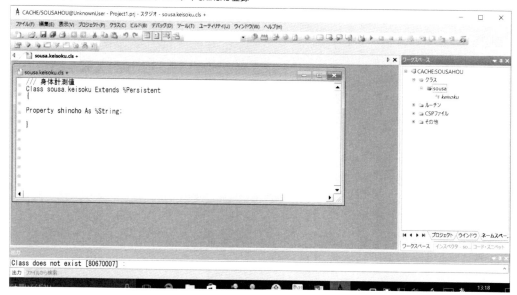

保存後、「ビルド」から「コンパイル」を選択します。

コンパイルが終了すると、クラス keisoku に「Strage Default」が表示され（図1.4.1-7）、下の「出力」エリアに「コンパイルが正常に完了しました」というメッセージが表示されるので確認してください。

最後は「ファイル」→「プロジェクトに保存」を選択します。コンパイルと保存の操作は、①、②、③の順で行うこともできます（図1.4.1-7）。身長のプロパティ名はローマ字で shincho と登録しましたが、漢字で登録することも可能です。試してみてください。

図1.4.1-7　プロパティ登録後コンパイル完了の画面例

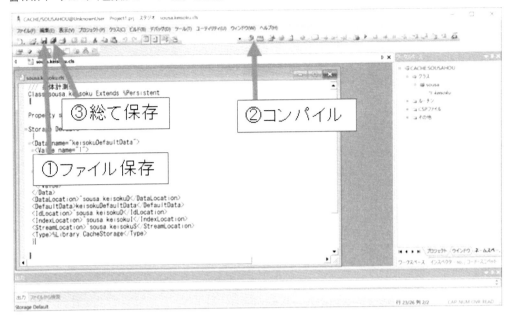

保存します。「Project1」にも保存します（図1.4.1-8）。

図1.4.1-8　Project1に保存

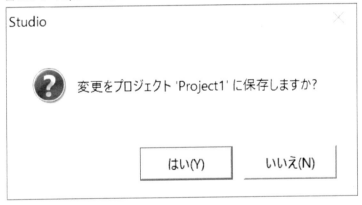

1.5　身長登録のフォームを作る

1.5.1　Caché Server Page の作成

ネームスペースsousaho、クラスkeisoku、プロパティshinchoが定義されましたので、いよいよ身長を登録するWebのフォームを作りましょう。

「ファイル」から「新規作成」を選択します。新規作成画面で、カテゴリの「CSPファイル」を選択し、テンプレート選択画面で「Caché Server Page」を選択します（図1.5.1-1）。

図1.5.1-1 テンプレート「Caché Server Page」選択画面

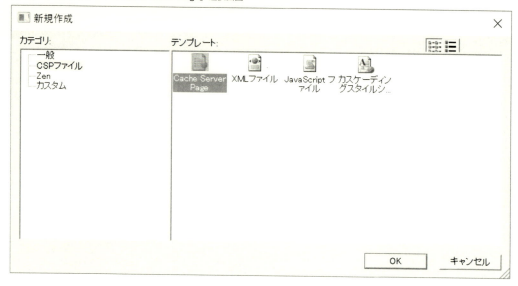

スタジオにCaché Server Pageの外枠が表示されます（図1.5.1-2）。次に上段メニューの「ツール」から「テンプレート」を選択します。次の画面で「Web Form Wizard」を選択します（図1.5.1-3）。Web Form Wizardが始まります（図1.5.1-4）。

図1.5.1-2 Caché Server Pageの外枠表示

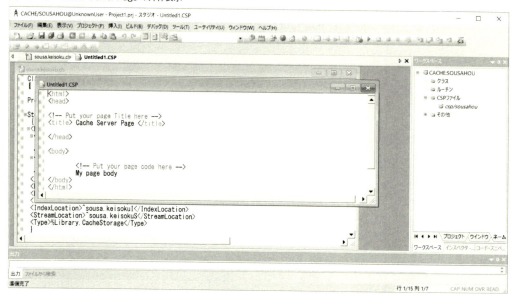

図1.5.1-3　ウェブフォームウィザード選択

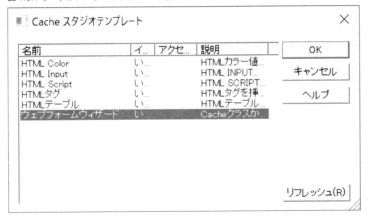

図1.5.1-4　ウェブフォームウィザードの開始：クラスkeisokuの選択

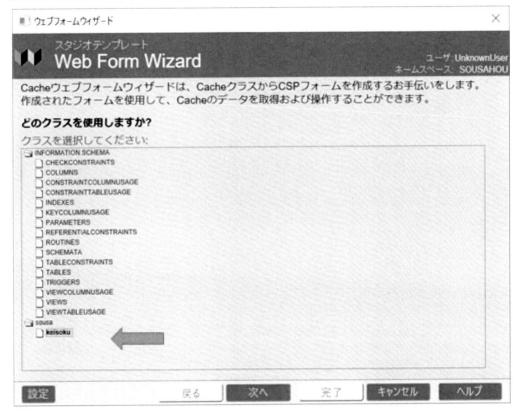

第1章　CSPの基本を覚えよう ― 身長を登録する　35

図 1.5.1-5　プロパティ shincho の選択

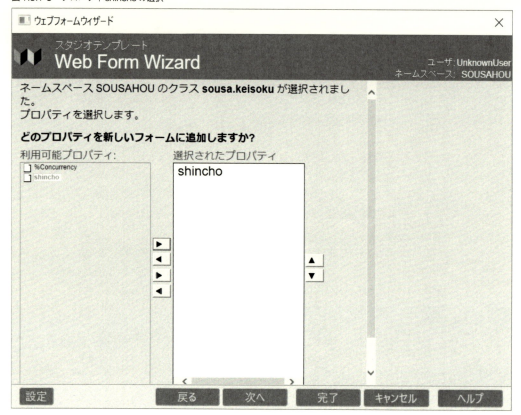

図 1.5.1-6　データタイプ属性登録

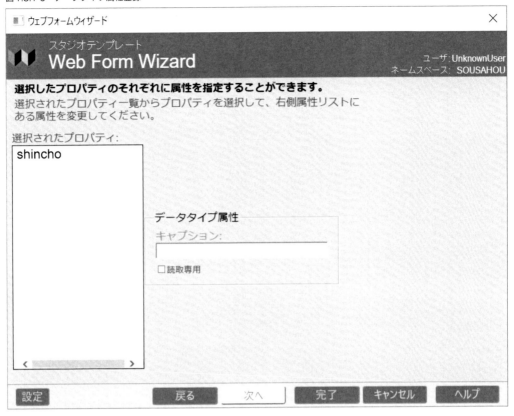

図 1.5.1-7　Caché Server Page 完成

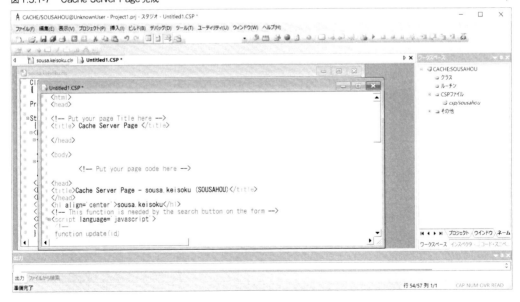

　　Caché Server Pageが完成したらコンパイルして保存しましょう。ルーチン名はshincho1.csp

にしましょう（図1.5.1-8）。保存されたか、確認しましょう。

　スタジオのメニュー「ファイル」から「開く」を選択するとshincho1.cspが表示されているでしょうか？　ファイルの種類はCachéサーバページです。

図1.5.1-8　shincho1.cspを開く

1.5.2　Caché Server Pageの実行

　スタジオでメニュー「ファイル」から「開く」を選択し、shincho1.cspを選択します（図1.5.2-1）。

図1.5.2-1　スタジオを開く

図 1.5.2-2　shincho1.csp 表示

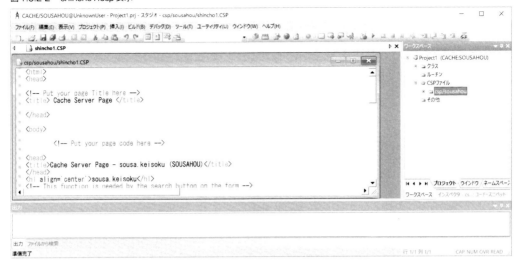

ファイルの横にある「表示」を開き「ブラウザで表示」を選択します（図1.5.2-3）。

図 1.5.2-3　ブラウザで表示

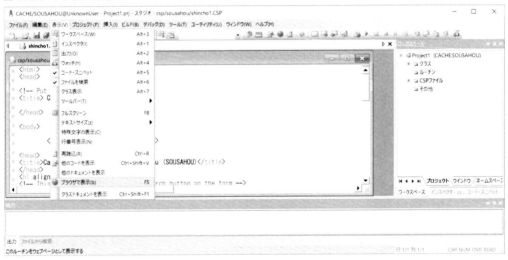

図1.5.2-4 パスワード登録

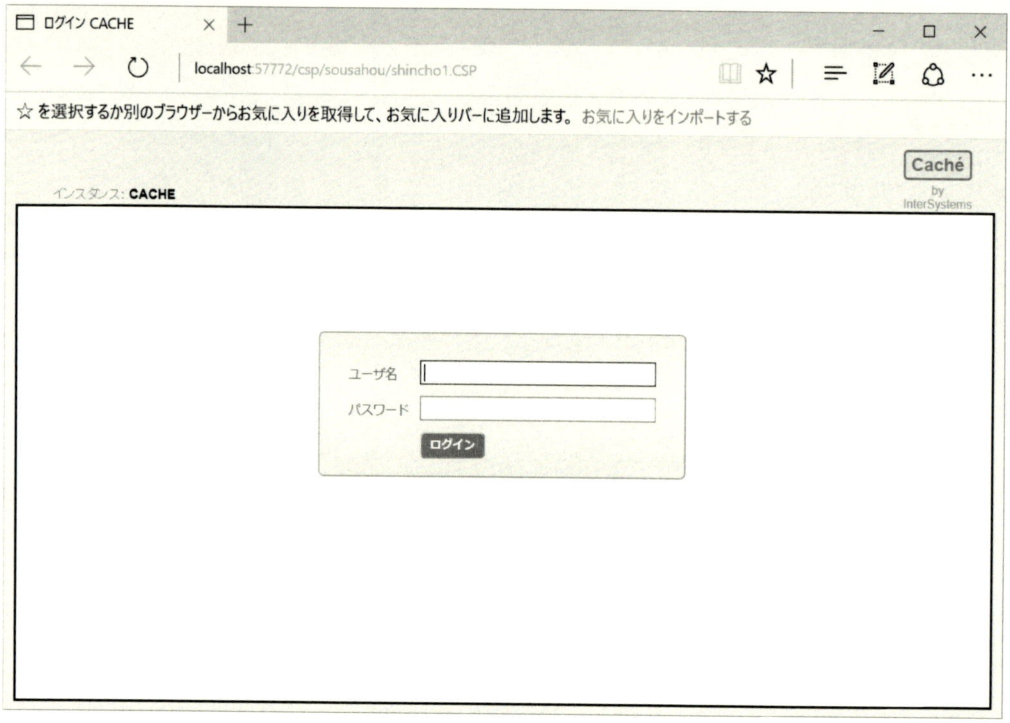

ユーザー名とパスワードを聞いてきますが、Cachéインストール時にパスワードを設定しませんでしたので、何も入力しないで、「ログイン」ボタンを押します。ユーザー名とパスワードを設定された場合は、それを入力してください。

shincho1.cspのWebサーバが表示されます（図1.5.2-5）。

図1.5.2-5 Webサーバ表示

身長の入力フォームが長すぎますね。図1.5.2-5のshincho1.cspのコードを見てみましょう。

<input type=text name='shincho' cspbind='shincho' size='50'>

となっています。size='50'をsize='10'に変更して、もう一度実行しましょう。

図1.5.2-6　shincho1.cspのコード

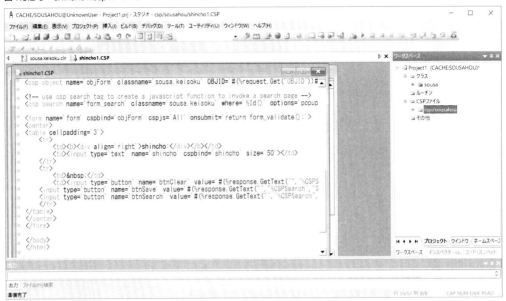

　ウェブフォームウィザードで作成されたshincho1.cspのコードの<form>タグの上部に、次の3行が挿入されています。これは、HTMLとCachéデータベースの連結宣言、すなわちフォームに入力されたデータをCachéデータベースに保存するための宣言です。

Cachéデータベースに保存するための宣言

コード	内容説明
csp:class	HTMLとCachéデータベースの連結宣言
csp:object	クラス名の指定
csp:search	検索時のID

　それから、shinchoの<input>文中には「cspbind='shincho'」があります。それは「フォームshinchoにあるデータはCachéデータベースに連結されるという意味です。
　これだけでデータベースと連結されます。簡単ですね。
　もう一度、「表示」→「ブラウザで表示」で実行してみましょう。図1.5.2-7のように表示されましたでしょうか？

図1.5.2-7　再実行

フォームの入力スペースは小さくなりましたね。身長150cmを入力して「保存」ボタンを押してみましょう。

1.6　保存できたかを確認する

1.6.1　SQLで保存確認

入力したつもりの身長150は本当に保存されているかどうかを確認してみましょう。Cachéキューブから「管理ポータル」画面（図1.6.1-1）を開きます。「システムエクスプローラ」を選択し、SQLの「実行」をクリックすると、図1.6.1-2が開きます。

図1.6.1-1　管理ポータル

図 1.6.1-2　SQL 表示画面 1

　SQL 表示画面 1（図 1.6.1-2）でネームスペース %sys「変更」をクリックし、(1) ネームスペースを SOUSAHOU に変更します。

図 1.6.1-3　ネームスペース変更

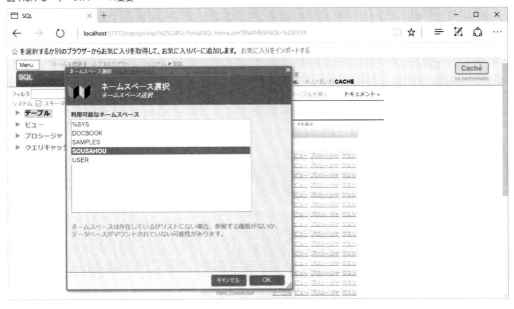

　(2) スキーマを sousa にします。(3) テーブルは sousa.keisoku を選択します。すると「テーブルを開く」が太字になります（図 1.6.1-4）。そこをクリックするとテーブルが開きます（図 1.6.1-5）。

第 1 章　CSP の基本を覚えよう ― 身長を登録する　43

図1.6.1-4　SQL表示画面2

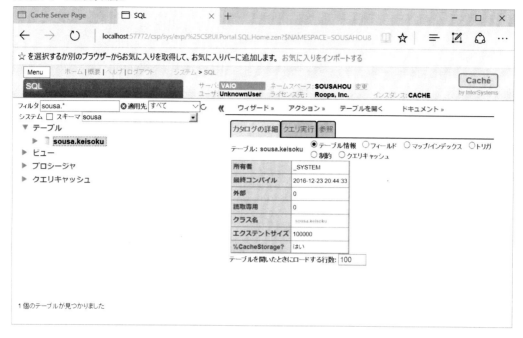

図1.6.1-5　sousa.keisokuのテーブル（プロパティ名を漢字にした場合の例）

　テーブルの中に150が入っています。確かに保存されています。もうひとつ、入力しませんでしたが、「ID」に1が入っています。保存された順番にIDが附番されています。このID番号でデータを検索することができます。

1.6.2　グローバルで保存確認

　もうひとつ、図1.6.1-1の管理ポータルの中に、「グローバル」という文字があります。グロー

バルとはCachéのデータベースの名称です。データベースであることを表すために、最初に^印を付け、クラス名の最後にDを付けます。すなわち、

^sousa.keisokuD

です。Cachéのデータベースは階層構造（木構造）のデータベースです。

図1.6.2-1　階層構造のデータベース

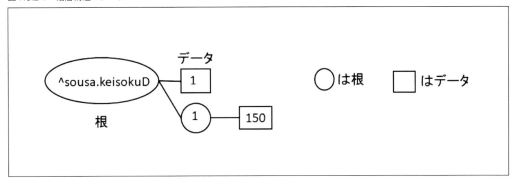

　変数で表現した場合は

^sousa.keisokuD = 1
^sousa.keisokuD(1) = $lb("","150")

です。

ローカル変数：
　　変数名の頭に「^」が付いていないものをローカル変数と言います。例えば、A, A(1), A(1,3)などです。
　　ローカル変数は、電源が切れるか、セッションが切れると消えてしまいます。

グローバル変数：
　　変数名の頭に「^」が付いています。例えば、^A, ^A(1), ^A(1,3)などです。
　　グローバル変数は、ハードディスクに保存されますので消えることはありません。

　これがCachéのデータベースです。
　データベースにはリレーショナルデータベースとか、いろいろなものがあります。CachéはバックグラウンドでM言語（Caché ObjectScript）が動いています。M言語は木構造のデータベースを持っています。これをグローバル変数と言います。
　上述のように、すべてのローカル変数名に^を付ければグローバル変数になります。これは非常に簡単で便利です。

入力されたデータは、管理ポータルのSQLでは表形式で表示されていますが、実際にどのような形で保存されているかは、グローバルのところを見ればわかるようになっています（図1.6.2-2）。

図1.6.2-2　管理ポータルのグローバルを参照

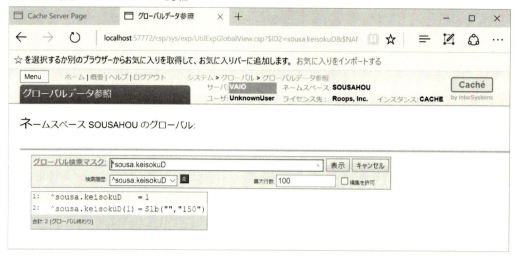

　^sousa.keisokuDにはデータの総数が入ります。現在は1つしか保存されていませんから1です。

　^sousa.keisokuD(1)には150が入っています。()の中の1はID番号です。

ID番号について：

　管理ポータルでSQLを用いて、データベースに登録されているデータを参照したときに、プロパティ名とともにIDというものが表示されています。データを新規登録したときに、システムが自動的に附番した番号です。これはデータが保存されている箱の番地のようなもので、データの出し入れに使用します。実際にどのような番号が附番されているかは不明ですが、一応ID番号と称して、SQLのテーブルには連番で表示されます。

　他に%IDとか%Id()とかsys Idとかの表現がありますが、いずれもこのID番号のことです。

1.7　検索する

1.7.1　データベースを検索する

　図1.5.2-7の身長登録画面に「検索」というボタンがあります。これは何か押してみましょう（図1.7.1-1）。Caché検索画面が開きます（図1.7.1-2）。

図1.7.1-1　検索ボタンを押す

図1.7.1-2　Caché検索画面表示

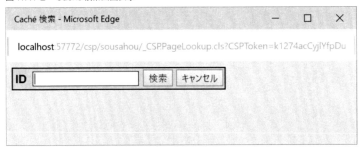

　IDを入力します。図1.6.1-5のsousa.keisokuのテーブルで、データ150のIDは1になっていました。1を入力し、「検索」ボタンを押します（図1.7.1-3）。

図1.7.1-3　ID入力

　検索ボタンを押すとID＝1が表示されましたので、1をクリックします（図1.7.1-4）。元の身長入力画面に戻ってみます。shinchoに150が表示されています（図1.7.1-5）。

図1.7.1-4　ID選択画面

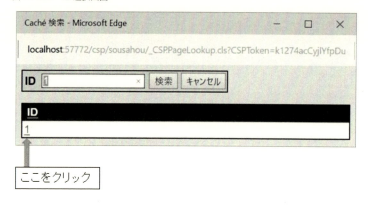

図1.7-5　身長表示画面

それでは、IDに2を入れてみましょう（図1.7.1-6）。すると「該当するデータはありませんでした」というメッセージが表示されました。「キャンセル」ボタンを押して、元の画面に戻します（図1.7.1-7）。

図1.7.1-6　IDが存在しなかった場合

図 1.7.1-7　元の画面に戻る

1.8　%IDを追加する

　以上で、登録したデータの検索がどのようにすればできるかがわかりました。しかし、なんとなくすっきりしません。今は1人の身長しか登録していませんが、多数の人の身長データの中から、IDを指定したときに、表示された身長が、本当にそのIDの人の身長であったのか？図1.7.1-7の画面にIDが表示されていれば納得できます。

1.8.1　%IDを追加する

　スタジオを開いて、ファイルを開くと、ルーチン一覧が表示されますので、shincho1.cspを選択します（図1.8.1-1）。

図 1.8.1-1　スタジオで shincho1.csp を開く

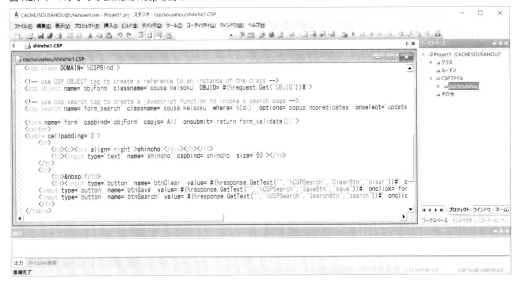

第1章　CSPの基本を覚えよう — 身長を登録する　49

リスト shincho1.csp に、次のコードを身長 <input の前に追加してください。

```
<td><b><div align='right'>ID:</div></b></td>
<td><input type='text' name='sys_Id' cspbind='%Id()' size='10'
readonly></td>  ①
```

①の行の readonly とは、表示しているが変更できないという意味です。ついでに、「shincho:」を「身長:」に変えておきましょう。

それから、身長 <input の後に、「終了」ボタンも追加しておきましょう。

```
<input type='button' name='btnEnd' value=終了
onClick=#server(..COSendSession())#; ></td>
```

同時に以下の method も </form> の下に追加します。

```
</form>
<script language=CACHE method="COSendSession" arguments=""
returntype="%Boolean">
set %session.EndSession=1
QUIT 1
</script>
```

これは、「終了」ボタンを押して「動いていたセッションを終了させる」ためのものです。Caché は同時に使用できるユーザー数により価格が異なります。2ユーザーしかいない Caché を使用しているときは、こまめにセッションを切っておかないと動かなくなります。

%session.EndSession=1 にするとセッションが切れます。次のセッションに移る前に、必ず「終了」ボタンを押して、セッションを切ってください。最後に、shincho2.csp というルーチン名で保存しておきましょう。

1.8.2　shincho2.csp を実行する

完成したら shincho2.csp を実行しましょう。

スタジオの「表示（V）」から「ブラウザで表示（b）」を選択します。身長登録画面が表示されます（図1.8.2-1）。確かに ID のフォームが表示されましたか？　身長も漢字になっていますか？　確認してみましょう。

50　　第1章　CSP の基本を覚えよう — 身長を登録する

図1.8.2-1　身長登録画面shincho2.csp

　何人かの身長データを入力して、「保存」してみてください。検索するとIDは必ず表示されます。次の人の身長を入力するときには「クリア」ボタンを押して、前の人のデータを消してから入力してください。ちゃんと保存されたか、検索して確認してください。「クリア」ボタンでIDを消しておかないと修正保存されてしまいます。

図1.8.2-2　ID付き身長登録画面

　IDに自動的に数字が入ってきますね？　何人か身長データを保存し、検索し、確認してから、最後に「終了」ボタンを押してください。その後で、Cachéキューブから「管理ポータル」を選択し、SQLとグローバルには、どのような形でデータが表示されるかを調べてください。

図 1.8.2-3　SQL 表示画面

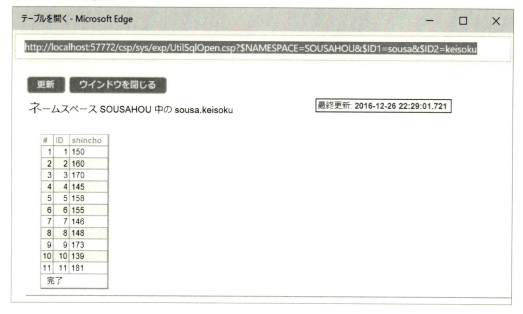

図 1.8.2-4　グローバル参照画面

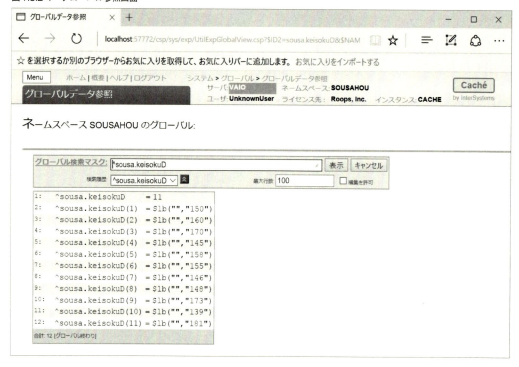

　データは必ず入力順に保存されています。入力日が変わっても、新規に追加保存されていくことを記憶してください。

コード1.8.2-1　身長の登録2　%IDを追加する　ルーチンshincho2.csp

```
<html>

<head>

<title> Cache Server Page </title>

</head>

<body>

<head>

<title>Cache Server Page - sousa.keisoku (SOUSAHOU)</title>

</head>

<h1 align='center'>sousa.keisoku</h1>

<csp:class DOMAIN='%CSPBind'>

<csp:object name='objForm' classname='sousa.keisoku'
OBJID='#(%request.Get("OBJID"))#'>

<csp:search name='form_search' classname='sousa.keisoku'
where='%Id()' options='popup,nopredicates' onselect='update'>

<form name='form' cspbind='objForm' cspjs='All' onsubmit='return
form_validate();'>

<center>

<table cellpadding='3'>

<tr>

<td><b><div align='right'>ID:</div></b></td>

<td><input type='text' name='sys_Id' cspbind='%Id()' size='10'
readonly>

</td>

</tr>

<tr>

<td><b><div align='right'>身長:</div></b></td>

<td><input type='text' name='shincho' cspbind='shincho'
size='10'></td>

</tr>

<tr><td> </td>

<td><input type='button' name='btnClear'
value='#(%response.GetText("","%CSPSearch","ClearBtn","clear"))#'
onclick='form_new();'>

<input type='button' name='btnSave'
value='#(%response.GetText("","%CSPSearch","SaveBtn","save"))#'
```

```
onclick='form_save();'>
<input type='button' name='btnSearch'
value='#(%response.GetText("","%CSPSearch","SearchBtn","search"))#'
onclick='form_search();'>
<input type='button' name='btnEnd' value=終了
onClick=#server(..COSendSession())#;>
</td>
</tr>
</table>
</center>
</form>
<script language=CACHE method="COSendSession" arguments=""
returntype="%Boolean">
set %session.EndSession=1
QUIT 1
</script>
</body>
</html>
```

本章のまとめ

　第1章では、Caché CSPの基本であるCachéの起動と停止、管理ポータル、スタジオ、ターミナル、ドキュメントの使用法について説明しています。そのポイントをまとめておきましょう。

・データベースは、ネームスペース、パッケージ、クラス、プロパティで構成されています。

・ネームスペース、パッケージはデータベースが保存されている場所です。管理ポータルで定義します。

・クラス、プロパティはスタジオで定義します。クラスのプロパティにデータが保存されます。

・Caché データベースは、階層構造になっています。管理ポータルではSQL型とグローバルの二種類で、データベースに何が保存されているかを見ることができます。

・%Idは Caché データベースのID番号です。管理ポータルのクラスを見ると表示されています。データベースの参照はこのID番号で行います。

・セッション%sessionを切るとWebサーバを終了させることができます。時間設定で自動的に切断されるように設定されています。途中で放置しないで、こまめにセッションを終了させてください。

・コードはどんなに長くなっても1行に表示します。改行しません。

・Webブラウザ用のPCでも、同じPCにCachéがインストールされていれば、同じPCのデータベースに保存することができます。

第2章　データベースの作成 — 計測値のデータベースを作ろう

【学習目標】

データベースの設計、登録と保存、検索・クエリ、並べ変え、ボタンとメソッドによるデータの引き継ぎ、外部CSVファイルからデータの読み込みと保存、画面への表示と印刷について学ぶ。

2.1　計測値データベースを定義する

2.1.1　身長に個人番号、氏名、測定年月日、体重、削除のプロパティを追加する

身長を登録するデータベースは、ネームスペースSOUSAHOU、パッケージsousa、クラスkeisoku、プロパティshinchoでした。

クラスのプロパティに、個人番号bango、氏名カナnamaekana、氏名漢字namaekanji、測定年月日nen、体重taijuを追加しましょう。データを削除したいときのために、削除マークを登録できるプロパティsakujoを追加します。削除マークが1なら、そのデータは削除したものとみなすことにします。

スタジオを開き、「ファイル」→「ネームスペース変更」でSOUSAHOUを選択します。

右側のワークスペースで、クラスsousa.keisokuをクリックして、クラスの内容を表示させ、上段メニューの「クラス」→「プロパティ」を選択して、上記5つのプロパティを追加します（図2.1.1-1）。

プロパティ追加後、「ビルド」→「コンパイル」を選択して、クラスを保存しましょう。

図2.1.1-1　クラスにプロパティを追加

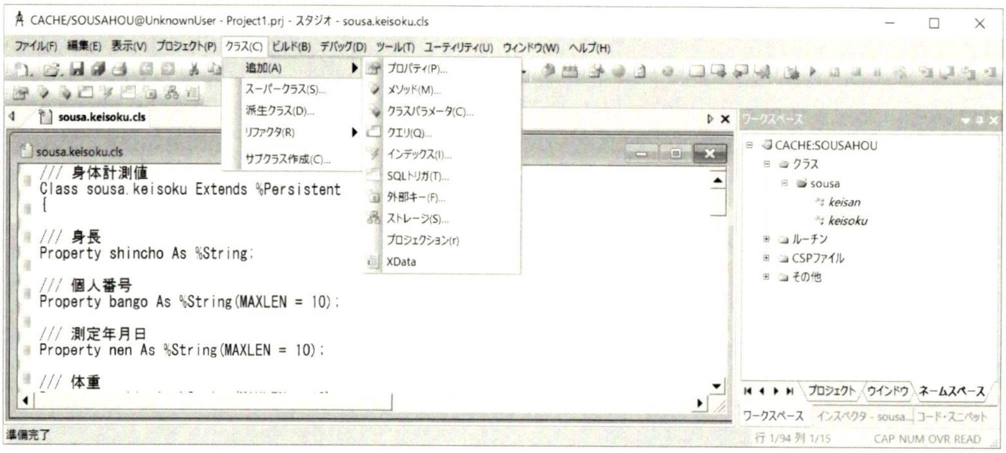

2.2 計測値登録のフォームを作る

2.2.1 計測値登録フォームにプロパティを追加する

　shincho2.cspをshincho3.cspにコピーし、身長のinputコード（下記）を6回コピーします。

```
<tr>
<td><b><div align='right'>身長:</div></b></td>
<td><input type='text' name='shincho' cspbind='shincho'
size='10'></td>
</tr>
```

　コピー後、個人番号、氏名カナ、氏名漢字、測定年月日、削除、身長、体重に変更して、コンパイルし保存します。

　面倒な場合、ウェブフォームウィザードではじめから作りなおします。その場合は、％IDの表示フォームと終了ボタンのコードをコピーします。

　どちらの場合でも同じです。最後に削除のコメント、「1：削除」を追加しましょう。

　最後はshincho3.csp名で保存します。それから、「表示」→「ブラウザで表示」を選択して確認しましょう。図2.2.1-1のように表示されていますか？

　データを入力し、管理ポータルのSQLで保存されているか確認しましょう。

図2.2.1-1　ブラウザの表示画面

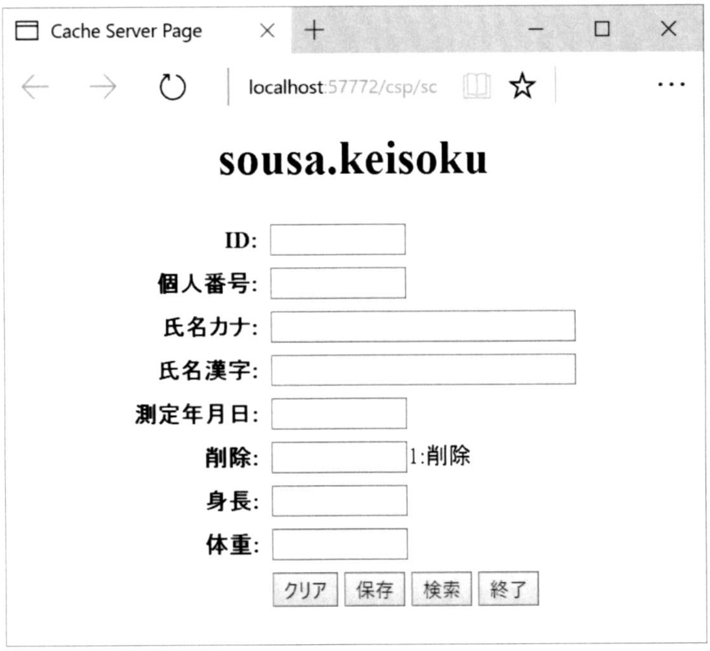

　shincho3.cspにはもともと「保存」ボタンが付いていました（図2.2.1-1）。これは、ウェブフォー

ムウィザードで自動的に作成されたボタンです。このままで保存できます。しかし、ソースコードを見ても、記号が並んでいるだけで具体的にどのようにしてHTMLのフォームに入力したデータが保存されていくのかわかりません。次節から新規保存と修正保存の方法について説明します。

2.3 計測値データベースにデータを登録する

2.3.1 計測値（身長・体重）データベースにデータを登録する

前節で作成したshincho3.cspをsokutei1.cspという名前で別名保存して「新規保存」のボタンを付けてください（図2.3.1-1）。

図2.3.1-1 計測値データベースの登録画面

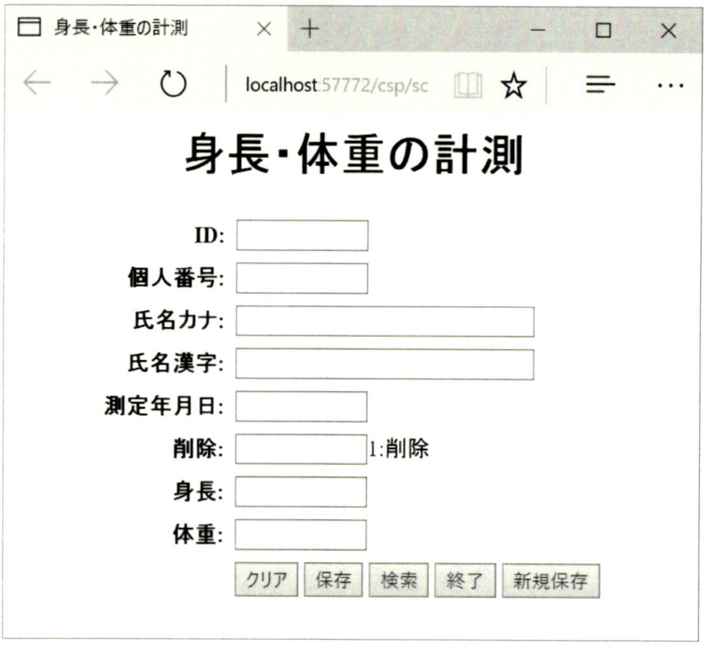

計測値のデータベースを作る目的
　データベースにデータを保存する場合、新規保存と修正保存の2種類があります。
・新規保存・・新しくデータを追加保存していく場合
・修正保存・・システムのsys_IDがわかっていて修正したデータを元のsys_IDに保存する場合
　ウェブフォームウィザードで作成した「保存」ボタンには、下記に示したように、新規保存と修正保存の両方の機能があります。
・新規保存・・システムのsys_IDがわからない場合、新規にデータを追加保存する。
・修正保存・・「検索」ボタンで検索して、そのデータを修正する場合、sys_IDが記載されるので、「保存」ボタンを押しても元のデータが修正される。

今回、第1章で作成した身長データベースに、個人番号bango、氏名カナnamaekana、氏名漢字namaekanji、測定年月日nen、体重taijuを追加し、計測値データベースにしました。

通常、データベースを設計する場合、個人番号、氏名、生年月日などの基本情報データベースと計測値データベースとを分けます。

その理由は、2つのデータベースに基本情報が入っていた場合、改姓で氏名が変更されたり、登録ミスがあったりして、2つのデータベースの整合性がとれなくなるからです。

しかし、基本情報データベース以外にも、計測値データベースにも氏名位は入れておきたいです。そのために、

1. 計測値データベースを登録するときに基本情報データベースから氏名等を計測値データベースのフォームにコピーして新規保存する。
2. 基本情報データベースの氏名等を変更したときに、同時に計測値データベースの氏名等を変更する→これは各担当者に通知を出し、担当者が修正保存する。
3. 基本情報以外のデータも複数のデータベースに新規保存する。

などの対策がとられています。

本章では、複数のデータベースに新規登録する。または修正保存する。方法を学びます。

2.3.2　%requestを用いた新規保存方法

新規保存するルーチン名をsokhozonnew.cspとします。

A.　sokutei1.cspについて

① sokutei1.cspのformにactionとして新規保存ルーチン名を記入します。

② 「新規保存」ボタンを追加します。input type="submit"とします。

コード2.3.2-1　新規保存1　ルーチンsokutei1.csp

```
<form name='form' action="sokhozonnew.csp" cspbind='objForm'
cspjs='All' onsubmit='return form_validate();'>  ①
<input type="submit" name="subSave" value="新規保存">  ②
```

B.　sokhozonnew.cspについて

③ データの受け渡しを行います。

sokutei1.cspのフォームに入っている計測値のデータは、sokhozonnew.cspのページで、%requestとして受け継がれます。

④ データを新規保存します。

⑤ %New()から%Save()の間に新規保存したいデータを入れます。

qは変数名です。何でもかまいませんのでわかりやすい名前を付けてください。

⑥ 保存します。

⑦ 終了します。

⑧ 「戻る」ボタンを付けます。

⑨ 「戻る」ボタンのメソッドで戻り先の頁sokutei1.cspを指定します。

コード2.3.2-1 新規保存1 ルーチンsokhozonnew.csp

```
<html>
<head>
<title>身長・体重新規保存</title>
</head>
<body>
<h1 align=CENTER>身長・体重新規保存</h1>
<form name="form">
<script language=CACHE runat=server>
set xbango=%request.Get("bango")  ③
set xnkana=%request.Get("namaekana")
set xnkanji=%request.Get("namaekanji")
set xnen=%request.Get("nen")
set xsakujo=%request.Get("sakujo")
set xshincho=%request.Get("shincho")
set xtaiju=%request.Get("taiju")
new q
set q=##class(sousa.keisoku).%New()  ④
set q.bango=xbango
set q.namaekana=xnkana
set q.namaekanji=xnkanji  ⑤
set q.nen=xnen
set q.sakujo=xsakujo
set q.shincho=xshincho
set q.taiju=xtaiju
set ss=q.%Save()  ⑥
set sc=q.%Close()  ⑦
if ss=1
{
w !!,"登録完了しました"
}
```

60 | 第2章 データベースの作成 — 計測値のデータベースを作ろう

```
else
{
w !!,"登録できませんでした"
}
</script>
<center><table><tr>
<input type='button' name='btnBack' value=戻る
onClick=#server(..COSback())#;>  ⑧
</tr></table></center>
</form>
<script language=CACHE method="COSback" arguments=""
returntype="%Boolean">
&javascript< self.document.location="sokutei1.csp";>  ⑨
QUIT 1
</script>
</body>
</html>
```

2.3.3 %sessionを用いた新規保存方法

　新規保存するルーチン名sokhozonnew.cspをコピーしてsokhonew.cspというルーチン名で保存してください。sokutei1.cspはコピーしてsokuteinew.cspというルーチン名で保存してください。

　sokutei1.cspでは、「新規保存」をsubmitにし、actionでページを飛ばしていました。それを止め、sokuteinew.cspでは「新規保存」ボタンにします。shinchoの例を示します。

　sokuteinew.csp の＜form＞はaction= sokhozonnew.cspを削除し、通常の形にします。

```
<form name='form' cspbind='objForm' cspjs='All' onsubmit='return
form_validate();'>
```

　submitは止めてボタンにし、shinchoのデータを引数としてメソッドに渡します。

```
<td> <input type ="button" name=btnSave" value="新規保存"
onClick=#server(..COSnhozon(self.document.form.
shincho.value))#;></td>
```

　上記はshinchoの例だけを示しましたが、実際は全プロパティの数が必要です。すなわち、ボタンからメソッドへの引数として、COSnhozonの（　）の中に、下表の7個の項目を「,」で繋

いで1列に挿入します。

プロパティの名称と引数

プロパティ名称	引数
個人番号	self.document.form.bango.value,
氏名カナ	self.document.form.namaekana.value,
氏名漢字	self.document.form.namaekanji.value,
測定年月日	self.document.form.nen.value,
削除	self.document.form.sakujo.value,
身長	self.document.form.shincho.value,
体重	self.document.form.taiju.value

次は</form>の外にメソッドを付けます。shinchoの例を示します。

```
<script language=CACHE method="COSnhozon"
arguments="shincho:%Library.String" returntype="%Boolean">
do %session.Set("shincho",shincho)
&Javascript< self.document.location="sokhonew.csp";>
QUIT 1
</script>
```

新規保存ボタンCOSnhozonはメソッドへの引数をargument=""の間に入れます。下表の7個の項目を「,」で繋いで1列にしてargumentに挿入します。

プロパティの名称と引数

プロパティ名称	引数
個人番号	bango:%Library.String,
氏名カナ	namaekana:%Library.String,
氏名漢字	namaekanji:%Library.String,
測定年月日	nen:%Library.String,
削除	sakujo:%Library.String,
身長	shincho:%Library.String,
体重	taiju:%Library.String

次にメソッド側は、ボタンから送られてきた引数（データ）を受け取って、%sessionに保存します。保存方法は以下のようにします。

プロパティの名称と保存のコード

プロパティ名称	保存のコード
個人番号	do %session.Set("bango",bango)
氏名カナ	do %session.Set("namaekana",namaekana)
氏名漢字	do %session.Set("namaekanji",namaekanji)
測定年月日	do %session.Set("nen",nen)
削除	do %session.Set("sakujo",sakujo)
身長	do %session.Set("shincho",shincho)
体重	do %session.Set("taiju",taiju)

do %session.Set("shincho",shincho) とは、%session にある %session.data("shincho") に shincho データを入れるという意味です。

引数のときのように「,」で連結して1列にしないで、このままメソッドの中に列記します。それから Javascript で sokhonew.csp にページを飛ばします。

sokhonew.csp では、sokuteinew.csp のメソッドで %session に保存された shincho 等のデータを見に行き、それらの値をクラス sousa.keisoku に保存します。

その方法は、sokhozonnew.csp にあった %request を %session に書き換えるだけで、それ以外は同じです。保存方法は %New() です。

sokuteinew.csp と sokhonew.csp が完成すれば、sokuteinew.csp をスタジオに表示し、メニューの「表示」→「ブラウザで表示」を選択し、実行してみてください。ちゃんと保存されたでしょうか?

コード 2.3.3-1　新規保存2　ルーチン sokhonew.csp

```
<html>
<head>
<title>身長・体重新規保存</title>
</head>
<body>
<h1 align=CENTER>身長・体重新規保存</h1>
<form name="form">
<script language=CACHE runat=server>
set xbango=%session.Get("bango")    ③
set xnkana=%session.Get("namaekana")
set xnkanji=%session.Get("namaekanji")
set xnen=%session.Get("nen")
set xsakujo=%session.Get("sakujo")
set xshincho=%session.Get("shincho")
```

```
set xtaiju=%session.Get("taiju")
new q
set q=##class(sousa.keisoku).%New()      ④
set q.bango=xbango
set q.namaekana=xnkana
set q.namaekanji=xnkanji      ⑤
set q.nen=xnen
set q.sakujo=xsakujo
set q.shincho=xshincho
set q.taiju=xtaiju
set ss=q.%Save()      ⑥
set sc=q.%Close()      ⑦
··································· (省略) ···································
<script language=CACHE method="COSback" arguments=""
returntype="%Boolean">
&javascript< self.document.location="sokuteinew.csp";>      ⑨
QUIT 1
</script>
</body>
</html>
```

①から⑨までの番号は新規保存1の番号と同じです。

2.4　クエリを用いて計測値データベースを検索する

2.4.1　クエリの定義方法

計測値データベースのクエリは、以下の表のとおりにします。

計測値データベースのクエリ

クエリ名称	入力パラメータ名称	プロパティ名称
QBANGO	PBANG	個人番号
QKNAM	PKNAM	カナ氏名
QKANJI	PKANJI	漢字氏名
QNEN	PNEN	測定年月日

スタジオにクラス sousa.keisoku.cls を表示し、以下の手順にしたがってください。

1.　上段メニューからクラスを選択します。

2. 「クラス」→「追加」→「クエリ」を選択します（図2.4.1-1）。

これで、新規クエリウィザードが開始します（図2.4.1-2）。

まず、個人番号のクエリを定義しましょう。以下、クエリウィザードにしたがって定義してください。

図2.4.1-1　クエリの定義画面

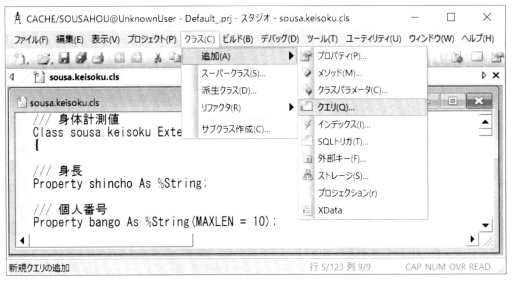

個人番号に続いて、カナ氏名、漢字氏名、測定年月日のクエリの定義もしてください。最後にコンパイルしてクラスsousa.keisokuを保存してください。

図2.4.1-2　新規クエリウィザードの開始

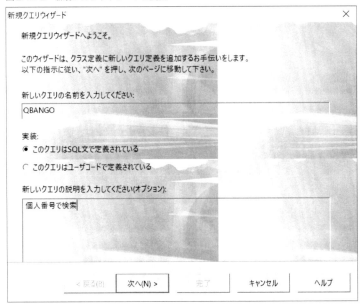

第2章　データベースの作成 — 計測値のデータベースを作ろう　65

図2.4.1-3　新規クエリウィザード一引数

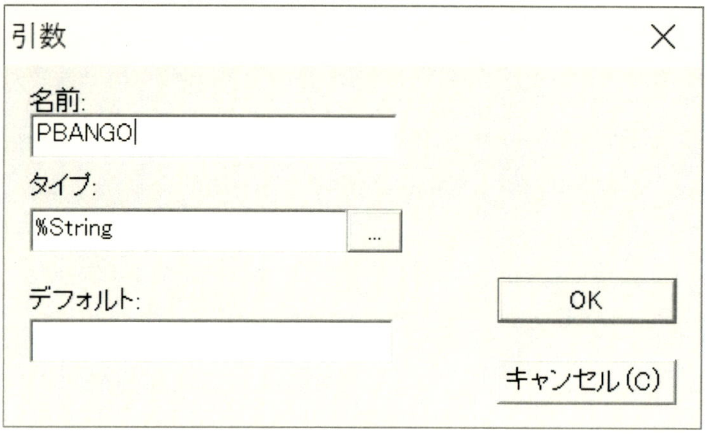

図2.4.1-4　新規クエリウィザード一入力パラメータ

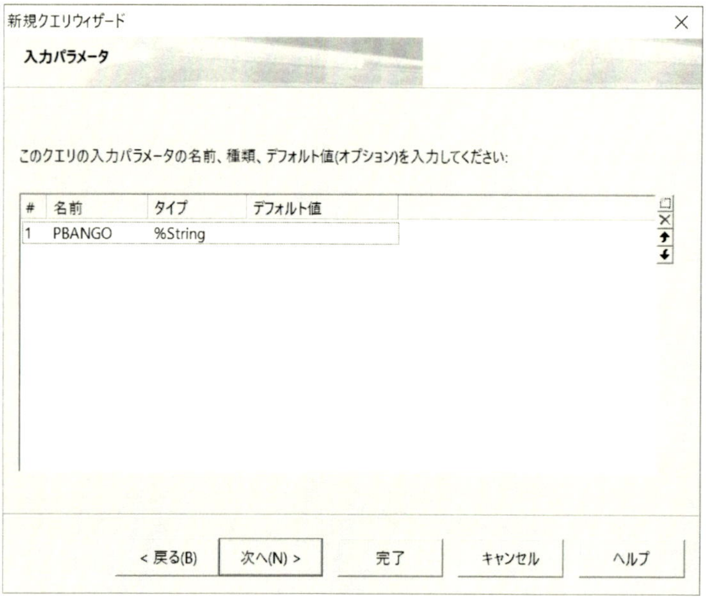

2.4.2　個人番号、氏名、測定年月日で検索

　個人番号、カナ氏名、漢字氏名、測定年月日のクエリの定義が完了しましたら、クラス sousa.keisoku.cls を開いてください。図2.4.2-1のようになっていますか？

　2.3で作成したルーチン sokutei1.csp を sokutei2.csp にコピーして別名保存してください。

　csp:search の %Id() のところに、追加したクエリのプロパティを追加します。

```
<csp:search name='form_search' classname='sousa.keisoku'
where='%Id(),bango,namaekana,nen' options='popup,nopredicates'
```

```
onselect='update'>
```

　sokutei2.cspを保存して、「表示」→「ブラウザで表示」を選択します。ページ画面は図2.4.2-2のようになっていますか？

検索ボタンを押してください。検索は%Idだけでなく、クエリを定義した個人番号、カナ氏名、漢字氏名、測定年月日で検索できるようになっています。試しに個人番号1を入れて検索ボタンを押してください。同一個人番号の人が6人表示されます。同姓同名の人がいます（図2.4.2-3）。

　ID16を選択すると、元の画面に戻って、ID16の山田さんの計測データが表示されます（図2.4.2-4）。同姓同名の人に削除マーク1を付けてください。また、氏名の記載のない人がいます。氏名を登録してください。

図2.4.2-1　計測クラスsousa.keisoku.clsのクエリ表示画面

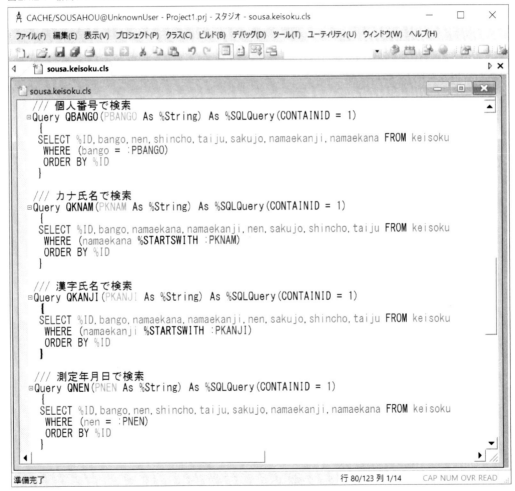

図2.4.2-2 計測値の登録画面（図2.3.1-1の再掲）

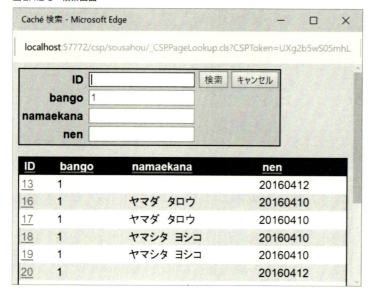

図2.4.2-3 検索画面

図 2.4.2-4　計測値の登録画面

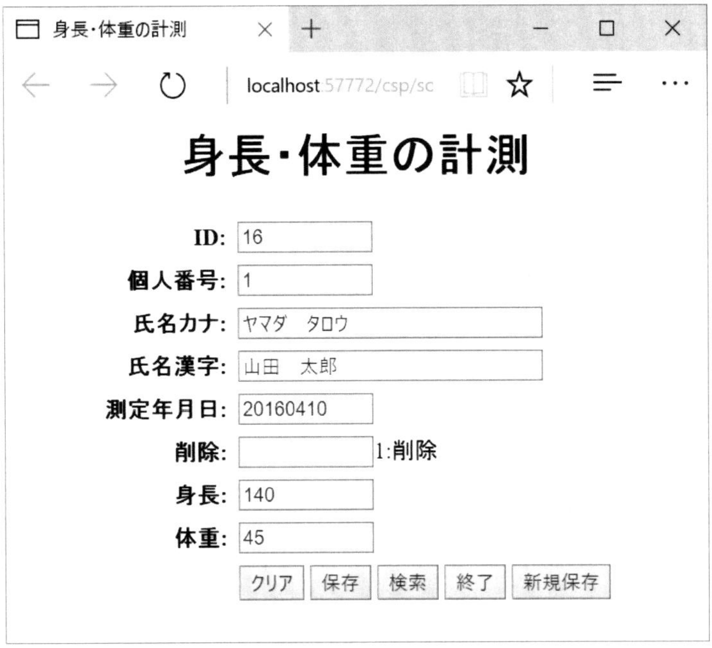

2.5　データの検索・表示・修正・保存

2.5.1　計測値データ（身長・体重）を検索するボタンを付ける

　sokutei2.cspで「検索」ボタンを押すと、次の画面で検索できるようになりました。しかし、この画面は英語で表示されています。計測値のフォーム画面に検索結果を表形式で一括表示して、IDを選択したらフォームに表示されるようにしましょう。

　各々のフォームの横に検索ボタンを付けましょう。

　各々のボタンの名称、メソッド、引数、分類番号は以下のようにします。

ボタンの名称、メソッド、引数、分類番号

ボタン名称	メソッド名称	引数	分類番号
個人番号検索	COSreBan	bango	1
氏名カナ検索	COSreKana	namaekana	2
氏名漢字検索	COSreKanji	namaekanji	3
測定年月日検索	CODreNen	nen	4

　以下は、個人番号で検索する場合の例です。

① 各々のフォームの横の検索ボタンは

```
<input type ="button" name=btnBan" value="個人番号検索"
onClick=#server(..COSreBan(self.document.form.bango.value))#;>  ①
```

となります。

② </form>の外にメソッドを付けます。

メソッドの中には、

③ %session("BUN")に分類番号を入れます。

④ %session("V1")に引数を入れます。

⑤ 元のページに戻ります。

⑥ 終了します。

コード2.5.1-1　メソッド　ルーチン sokutei2.csp

```
<script language=CACHE method="COSreBan"
arguments="bango:%Library.String" returntype="%Boolean">  ②
do %session.Set("BUN",1)   ③
do %session.Set("V1",bango)   ④
&Javascript< self.document.location="sokutei2.csp";>   ⑤
QUIT 1   ⑥
</script>
```

　それでは、sokutei2.cspを、「表示」→「ブラウザで表示」を選択してみてください。図2.5.1-1のように、検索ボタンは指定の位置に付いていますか？

　今はボタンがあるだけで動きません。クエリで検索したデータを表示できるようにしましょう。

図2.5.1-1　sokutei2.cspの画面

2.5.2　計測値データを検索して表示する

　個人番号検索の例を示します。

　最後のボタン（クリア、保存、検索、終了、新規保存）の下に、検索した結果を表示するタイトルを作ります。

　タイトルは、ID、個人番号、氏名カナ、氏名漢字、測定年月日、削除、身長、体重です。下記のコードを挿入します。<tr>から</tr>までは1行です。

　続けて、検索したデータを表示しますから、<table>の終了タグ</table>はここにありません。

コード 2.5.2-1　検索 1　ルーチン sokutei2.csp

```
<table border="1">
<tr><td></td><td>ID</td><td>個人番号</td><td>氏名カナ</td>
<td>氏名漢字</td><td>測定年月日</td><td>削除</td><td>身長</td>
<td>体重</td></tr>
```

　次に、計測データベースを検索するコードを<script>～</script>の中に記入します。

　個人番号の検索の場合、

① %session("BUN")のデータをxbunに入れます。

② xbunが1の場合

③ %session("V1")のデータをxvalに入れます。

④ xvalがnullでなかった場合、このときは分類番号xbun=1でxvalには検索したい番号が入っています。

⑤ xjun=0にします。

⑥ クラス sousa.keisoku.cls のデータベースからクエリ QBANGO に該当するデータを入力順に検索して、該当するデータを抜き出します。

⑦ 続けて読んだデータを表示します。

⑧ 表示するページ sokutei2.csp を指定しています。

⑨ 全部読み終われば終了です。

⑩ <script>　～　</script>の終了後、<table>の終了タグ</table>がきます。

コード 2.5.2-2　検索 2　ルーチン sokutei2.csp

```
<script language=CACHE runat=server>
set xbun=%session.Get("BUN") ①
if xbun=1 ②
{
set xval=%session.Get("V1") ③
```

```
if xval'="" ④
{
set xjun=0 ⑤
new q
set q=##class(%Library.ResultSet).%New("sousa.keisoku:QBANGO")
do q.Execute(xval) ⑥
while q.Next()
{
set xjun=xjun+1
set xid=q.Get("ID")
set xbango=q.Get("bango") ⑦
set xkana=q.Get("namaekana")
set xkanji=q.Get("namaekanji")
set xnen=q.Get("nen")
set xsakujo=q.Get("sakujo")
set xshincho=q.Get("shincho")
set xtaiju=q.Get("taiju")
&HTML< <tr><td><a
href=sokutei2.csp?OBJID=#(..EscapeHTML(xid))#&LINK="1"
target="">#(xid)#</a></td> > ⑧
&HTML< <td>#(xjun)#</td><td>#(xbango)#</td><td>#(xkana)#</td>
<td>#(xkanji)#</td><td>#(xnen)#</td> >
&HTML<
<td>#(xsakujo)#</td><td>#(xshincho)#</td><td>#(xtaiju)#</td></tr> >
}
do q.%Close() ⑨
}
}
</script>
</table> ⑩
</center>
</form>
```

　成功すれば、カナ氏名検索、漢字氏名検索、測定年月日検索のコードを同様にして、追加してください。

完了したら実行します。図2.5.2-1の画面になりましたでしょうか？

個人番号に1を入れて、「個人番号検索」のボタンを押せば、図2.5.2-2のように該当者のリストが表示され、その中からID16を選択すれば、図2.5.2-3のように、フォームに該当するデータが取り込まれます。

図2.5.2-1　計測値の登録画面－検索ボタン追加

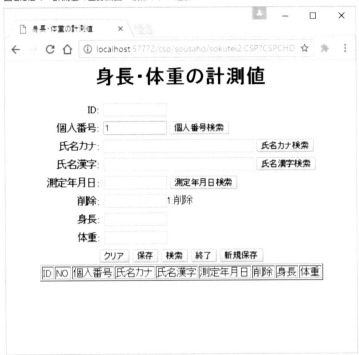

図2.5.2-2　計測値の登録画面－検索結果表示例

図2.5.2-3　計測値の登録画面－ID16をフォームに入れる例

2.5.3　計測値データを修正保存する

　次に、sokutei2.csp　をsokutei3.cspにコピーして別名保存してください。

　sokutei2.cspには「新規保存」のボタンがありました。sokutei3.cspでは「新規保存」ボタンを「修正保存」ボタンに変更してください。新規保存のルーチンsokhozonnew.cspをsokhozonre3.cspに別名保存してください。sokhozonre3.cspを修正保存のルーチンに変形します。

A.　ルーチンsokutei3.cspを修正保存に改定する

① ボタンの名称を修正保存に改定します。ボタンではなくsubmitです。

```
<input type="submit" name="subSave" value="修正保存">
```

② ルーチン名sokhozonnew.cspをsokhozonre3.cspというルーチン名に変えます。

```
<form name='form' action="sokhozonre3.csp" cspbind='objForm'
cspjs='All' onsubmit='return form_validate();'>
```

　sokutei3.cspで変更するのはこの2つだけです。

B.　ルーチンsokhozonre3.cspを修正保存できるように改正する

新規保存sokhozonnew.cspと修正保存sokhozonre3.cspの比較

保存方法	内容
新規保存	sys_Idは不明。新規に追加保存しているから不明でも困らない。 データのみを、%requestで受け取っている。 保存は、%New　　%Save()を使用する。
修正保存	sys_Idは必要。sys_Idのあるデータを修正している。 sys_Idの値とデータの両方を、%requestで受け取っている。 保存は、%OpenId(xid)　%Save()、または%OpenId(xid,4)　%Save()を使用する。ただし、(xid,4)とした場合は同時使用は不可です。

③　修正保存ルーチンsokhozonre3.csp の中の%requestのところにOBJIDを追加します。

```
set xid=%request.Get("OBJID")
```

④ %Newを%OpenId(xid)に変更します。

```
set q=##class(sousa.keisoku).%OpenId(xid)
```

　このように、計測値データを修正保存するには、

Aの「① ボタン名の変更」」と「② ルーチン名の変更」を行い、

Bの「③ OBJIDの追加」と「④ %OpenId(xid)への変更」を行うだけです。

　簡単ですね。修正して、ルーチンsokutei3.cspを実行してください。

2.6 データの印刷

2.6.1 計測値データを登録順に印刷する

2.5で、計測値データをWeb画面に表示する方法を学びました。次に、計測値データを外部ファイルにCSVファイル形式で書き出す方法を学びましょう。

A. ルーチンsokutei3.cspに印刷ボタンを付ける

印刷ボタンのメソッド名、ルーチン名、コメント

ボタン名	メソッド名	ルーチン名	コメント
登録順印刷	COSinJun	insatu1	登録された順に印刷する
測定順印刷	COSinSokutei	insatu	測定日順・番号順に印刷する

印刷ボタンを付けるには、以下のように記述します。

```
<input type='button' name='btnInsatu1' value=登録順印刷
onClick=#server(..COSinJun())#;>

<input type='button' name='btnInsatu' value=測定順印刷
onClick=#server(..COSinSokutei())#;>
```

印刷のメソッドを追加します。

```
<script language=CACHE method="COSinJun" arguments=""
returntype="%Boolean">
&Javascript< self.document.location="insatu1.csp";>
QUIT 1
</script>
<script language=CACHE method="COSinSokutei" arguments=""
returntype="%Boolean">
&Javascript< self.document.location="insatu.csp";>
QUIT 1
</script>
```

B. 登録順印刷のルーチンを作る

はじめに、Cドライブの直下にCSVファイルを入れるフォルダを作ります。フォルダ名はKEISOKUCHIです。ファイル名はKLISTに出力日を追加したものにします。

ファイル操作に関するコードは以下のとおりです。

76 | 第2章 データベースの作成 ― 計測値のデータベースを作ろう

コード	内容説明
Open file:("NSW")	外部ファイルにデータを書くために外部ファイルを開く
Open file:("R")	外部ファイルのデータを読むために外部ファイルを開く
Use file w	開いている外部ファイルにデータを書く

ルーチン名はinsatu1.cspです。

① ファイル名を作るために今日の年月日をxdatに入れます。

② ファイル名を作ります。

③ 現在のページを一時避難させます。

④ 外部ファイルをOpenします。

⑤ 外部ファイルにタイトルを書きます。

⑥ 書き込む変数のタイトルを書きます。

コード2.6.1-1　印刷　ルーチンinsatu1.csp

```
<HTML>
<HEAD>
<TITLE>計測値一覧 (登録順) 印刷</TITLE>
</HEAD>
<BODY>
<h1 align=CENTER>計測値一覧 (登録順) 印刷</h1>
<form name="form">
<script language=CACHE runat=server>
set xdate=$H
set xdat=$P(xdate,",",1)
set xdat=$ZDATE(xdat,8)  ①
set xban=0
set xstop=0
set xj=0
set file="C:\KEISOKUCHI\KLIST"_xdat_".csv"  ②
set oldIO=$IO  ③
Open file:("NSW")  ④
Use file w "身長・体重一覧印刷　出力日：",xdat,!  ⑤
Use file w "全データ (削除は除く)",!
Use file w "ID,順位,個人番号,氏名カナ,氏名漢字,測定日,身長,体重",!  ⑥
```

⑦ クラス sousa.keisoku の全データを登録順に読み出します。

⑧ 削除マークに1があれば　xstop=1 にします。

⑨ xstop=0 ならデータを読んで xa01〜xa06 に入れます。

⑩ 例数を計算します。xj=xj+1 とします。

⑪ データは区切り記号","を付けて連結し、外部ファイルに書き出します。

⑫ これで一連の作業は終わりです。xstop=0 にして、次のデータを読みます。

⑬ 全部読み終わればサーバをクローズします。

⑭ 外部ファイルをクローズします。

⑮ 元のページに戻して、「印刷しました」と書き、例数を表示します（図2.6.1-1）。

コード2.6.1-2　印刷続き　ルーチン名 insatu1.csp

```
new qq
set qq=##class(%Library.ResultSet).%New("sousa.keisoku:QNUM")  ⑦
do qq.Execute(xban)
while qq.Next()
{
set xid=qq.Get("ID")
set xdel=qq.Get("sakujo")
if xdel=1
{
set xstop=1  ⑧
}
if xstop=0  ⑨
{
set xa01=qq.Get("bango")
set xa02=qq.Get("namaekana")
set xa03=qq.Get("namaekanji")
set xa04=qq.Get("nen")
set xa05=qq.Get("shincho")
set xa06=qq.Get("taiju")
set xj=xj+1  ⑩
Use file w
xid_","_xj_","_xa01_","_xa02_","_xa03_","_xa04_","_xa05_","_xa06,!
⑪
}
set xstop=0  ⑫
```

```
}
set sc=qq.%Close()  ⑬
Close file  ⑭
Use oldIO w " 印刷しました。",!  ⑮
W !,xj,!
</script>
```

ルーチン名insatu1.cspで保存してください。「表示」→「ブラウザ表示」を選択して実行してください。図2.6.1-1のメッセージは表示されましたか？

図2.6.1-1　外部ファイルに印刷終了のメッセージ表示

C:ドライブ直下のフォルダKEISOKUCHIに、求めるデータのCSVファイルがあるか確認してください。

2.6.2　計測値データを測定日・個人番号順に印刷する

2.6.1では、クエリQNUMで、読んだデータをそのまま1行ずつ印刷しました。もともと登録順に保存されているのですから、そのまま印刷すれば登録順になっています。

2.6.2では、同様にクエリQNUMで読んでいきます。そのまま印刷すれば登録順に印刷されます。読んだデータを並べ変えなければなりません。読んだデータを一旦、グローバルファイル^KEIに保存してしまいます。^KEIの添字は、

^KEI (測定年月日, 個人番号, 登録順)

とします。こうしておくことで、^KEIを読めば、測定年月日，個人番号順に並べ直すことができきます。

・登録順印刷

　ルーチン名はinsatu1.cspでした。

・測定日・個人番号順印刷

ルーチンの内容はinsatu1.cspとほとんど同じです。まず、insatu1.cspをコピーして別名で
insatu.cspに保存します。ルーチン名はinsatu.cspとします。

① ^KEIは別のものが入っていると混ざりますから、最初に消しておきます。

```
Kill ^KEI
```

② クエリQNUMは同じです。登録順にデータベースを読みます。

③ ^KEIの添字がnullであると困るので、測定年月日がnullの場合は年月日で想定される最大
値、すなわち99999999をxa04に入れます。

④ 個人番号もnullの場合は、たぶん対象者を1000人以内と想定して、999をxa01に入れます。

⑤ 測定年月日順、個人番号順に並べ直せばいいわけですから、グローバルファイルの構造は、
二次元変数の^KEI（測定年月日，個人番号）でよいはずです。しかし、個人番号がnullの場合
は999にしましたが、万一、個人番号のパンチミスやその他の原因で、同一番号の人が存在した
場合、その人のデータは上書きされていきますから、これは困ります。それで登録順を入れま
した。グローバルファイルは、三次元変数の^KEI（測定年月日，個人番号，登録順）にします。
登録順はxjです。始めにxj=0にして、データを読む度に、削除マークが無ければ、xj=xj+1と、
毎回1を加えています。

```
^KEI(xa04,xa01,xj)＝データ連結
```

データは区切り記号","で連結します。

⑥ 全部のデータを読み終わると、クローズします。

コード2.6.2-1　並べ変えて印刷　ルーチンinsatu.csp

```
<script language=CACHE runat=server>
set xdate=$H
set xdat=$P(xdate,",",1)
set xdat=$ZDATE(xdat,8)
set xban=0
set xstop=0
set xj=0
Kill ^KEI  ①
new qq
set qq=##class(%Library.ResultSet).%New("sousa.keisoku:QNUM")
do qq.Execute(xban)  ②
while qq.Next()
{
set xid=qq.Get("ID")
```

```
set xdel=qq.Get("sakujo")
if xdel=1
{
set xstop=1
}
set xa01=qq.Get("bango")
set xa02=qq.Get("namaekana")
set xa03=qq.Get("namaekanji")
set xa04=qq.Get("nen")
set xa05=qq.Get("shincho")
set xa06=qq.Get("taiju")
if xa04=""
{
set xa04=99999999  ③
}
if xa01=""
{
set xa01=999  ④
}
if xstop=0
{
set xj=xj+1 ⑤
set ^KEI(xa04,xa01,xj)=xid_","_xj_","_xa01_","
_xa02_","_xa03_","_xa04_","_xa05_","_xa06
}
set xstop=0
}
set sc=qq.%Close()  ⑥
```

　次はグローバル変数^KEI(xa04,xa01,xj)を読んで^XDDにデータを入れます。

⑦ xjは^JGOKEIに一時的に保存します。

⑧ X1，X2，X3をnullにします。null、すなわち""です。

⑨ xjj=0にします。

⑩ 最初に^XDDを消しておきます。

⑪ グローバル変数^KEI(xa04,xa01,xj)を、$Orderを使って読みます。

⑫ 読めば、データを^XDD(xjj)に入れます。

コード2.6.2-2　並べ変えて印刷続き1　ルーチン insatu.csp

```
set ^JGOKEI=xj ⑦
set X1="" ⑧
set X2=""
set X3=""
set xjj=0 ⑨
K ^XDD ⑩
F J=0:0 S X1=$O(^KEI(X1)) Q:X1="" D ⑪
.F K=0:0 S X2=$O(^KEI(X1,X2)) Q:X2="" D
..F L=0:0 S X3=$O(^KEI(X1,X2,X3)) Q:X3="" D
...S xjj=xjj+1
...S ^XDD(xjj)=$G(^KEI(X1,X2,X3)) ⑫
...Q
..Q
.Q
```

　次に^XDD(xi)のデータを印刷します。

⑬ xi=0にします。

⑭ 一時的に保存していた^JGOKEIの値をxjに入れます。

⑮ xi<xjなら^XDD(xi)のデータをxdに入れます。

⑯ xdを印刷します。後はinsatu1.cspと同じです。

コード2.6.2-3　並べ変えて印刷続き2　ルーチン insatu.csp

```
set file="C:\KEISOKUCHI\KLIST"_xdat_".csv"
set oldIO=$IO
Open file:("NSW")
Use file w "身長・体重一覧印刷　出力日：",xdat,!
Use file w "全データ（測定日、番号順）",!
Use file w "ID,順位,個人番号,氏名カナ,氏名漢字,測定日,身長,体重",!
set xi=0 ⑬
set xj=^JGOKEI ⑭
while xi<xj
{
set xi=xi+1
```

82　第2章　データベースの作成 ― 計測値のデータベースを作ろう

```
set xd=^XDD(xi)  ⑮
Use file w xd,!  ⑯
}
Close file
Use oldIO w " 印刷しました。",!
W !,xj,!
</script>
```

ルーチンinsatu.cspを実行してください。図2.6.2-1が表示されます。

図2.6.2-1　印刷完了のメッセージ

C:ドライブ直下のフォルダKEISOKUCHIに、求めるデータのCSVファイルがあるか確認してください。

2.7　外部ファイルのデータを読んでデータベースに保存する

2.7.1　CSVファイルにデータを準備する

次は、反対にCSVファイルからデータを読んで計測データベースに保存する方法を考えます。表2.7.1-1のようなテストデータを作成して、KEISOKU20160412.csvというファイル名で、Cドライブの直下に作成したフォルダKEISOKUCHIに保存しておきましょう。最後にENDを付けておきます。

表2.7.1-1　CSVファイルの内容

順位	個人番号	氏名カナ	氏名漢字	測定日	身長	体重
1	1	ヨコヤマ　アキコ	横山　明子	20160412	150	80
2	2	イケダ　ショウイチ	池田　昭一	20160412	160	58
3	3	マツモト　サチコ	松本　幸子	20160412	170	55
4	4	ワタナベ　コウゾウ	渡辺　浩三	20160412	145	53

END							

　sokutei3.cspに「CSVファイルからデータを読み込む」ボタンを付けましょう。読み込むルーチン名はyomikomi.cspにします。

```
<input type='button' name='btnYomi' value=CSVから読込
onClick=#server(..COSinYomi())#;>
```

　メソッドは、ルーチンyomikomi.cspに飛ばすだけです。

```
<script language=CACHE method="COSinYomi" arguments=""
returntype="%Boolean">
&Javascript< self.document.location="yomikomi.csp";>
QUIT 1
</script>
```

2.7.2　外部ファイル名を読む

　保存されているファイル名を入力するのは面倒ですから、ファイルを開いて選択できるようにします。HTMLの機能をそのまま使いますが、データをCaché側にもらわなければなりません。まず、HTMLとCachéを連結します。
　sokutei3.cspにあるものをそのまま使用します。

```
<csp:object name='objForm' classname='sousa.keisoku'
OBJID='#(%request.Get("OBJID"))#'>
<csp:search name='form_search' classname='sousa.keisoku'
where='%Id()' options='popup,nopredicates' onselect='update'>
```

　<form>にもcspbindを忘れないように注意してください。

```
<form name="form" cspbind="objForm" onSubmit='return
form_validate();'>
```

① ファイル名はFLLENですが、Cachéからも読めるようにcspbind="FILEN"　を付けます。
② 例題にもありますように、データの内容を示すカラムヘッダーが付いています。これが邪魔ですから取り除かなければなりません。
　　・カラムヘッダーがある場合 → ルーチン yomokomi1.cspへ
　　・カラムヘッダーが無い場合 → ルーチン yomikomi2.cspへ

コード2.7.2-1　外部ファイルの読み込み　ルーチン名 yomikomi.csp

```
<table width="87%"><tr>
<td width="23%">
<div align=right><b>ファイル名：</b></div></td><td>
<input type="file" name="FILEN" cspbind="FILEN" size=100></td></tr>
<tr><td width="23%">
<div align=right><b>カラムヘッダーを除く：</b></div></td><td>
<input type="text" name="HED" cspbind="HED" size=10>YES=1,NO=2
</td></tr>
<tr><td width="100%">
<input type="button" name="btnClear" value="クリア"
onClick=#server(..COSclear())#;>
<input type="button" name="btnF" value="ファイル取込"
onClick=#server(..COSfil(self.document.form.FILEN.
value,self.document.form.HED.value))#;>
<input type="button" name="btnBack" value="戻る"
onClick=#server(..COSback())#;>
<input type="button" name="ins" value="ins"
onClick=self.document.location="Inspector.csp";> </td></tr>
</table>
```

　ここで「ins」というボタンがあり、これを押すと、Inspector.cspというルーチンを呼んでいます。これに関しては「第3章　Web計算機を作ろう」を参照してください。
　メソッドで分配します。

コード2.7.2-2　外部ファイルの読み込み続き　ルーチン名 yomikomi.csp

```
<script language=CACHE method="COSfil"
arguments="FILEN:%Library.String,HED:%Library.String"
returntype="%Boolean">
set xfile=FILEN
set xhed=HED
do %session.Set("FILEN",xfile)
do %session.Set("HED",xhed)
if xhed=1
{
&javascript< self.document.location="yomikomi1.csp"; >
}
```

```
if xhed=2
{
&javascript< self.document.location="yomikomi2.csp"; >
}
QUIT 1
</script>
```

ルーチン名yomikomi.cspで保存しましょう。sokutei3.cspを実行してみましょう。

図2.7.2-1のように、「CSVから読込」のボタンは付いていますか？

図2.7.2-1　身長・体重の計測値登録画面

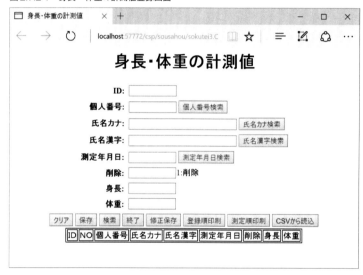

「CSVから読込」のボタンを押すと、yomikomi.cspが開きますか？（図2.7.2-2）

図2.7.2-2　CSVから読み込みの画面

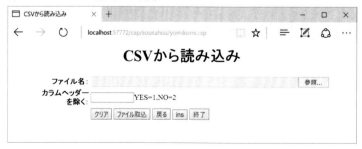

ここで、「参照」ボタンを押します。すると図2.7.2-3が開きます。
KEISOKU20160412.csvを選択します。

図2.7.2-3　KEISOKU20160412.csv選択画面

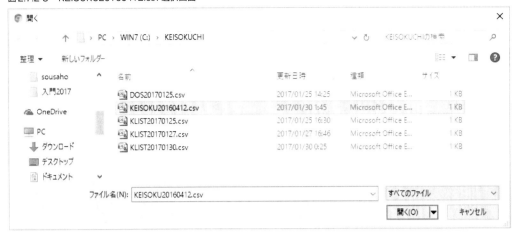

　図2.7.2-3でCSVのファイル名が表示されました。このファイルにはカラムヘッダーが付いていますので、「カラムヘッダーを除く」に1を入れます。そして「ファイル取込」のボタンを押します（図2.7.2-4）。「カラムヘッダーを除く」に1を入れましたから、ルーチンyomikomi1.cspに飛びます。

　ルーチンyomikomi1.cspで選択された外部ファイルのデータを読んでいきます。無事、計測データベースに保存できれば、保存完了と読んだ例数が表示されます（図2.7.3-1）。

図2.7.2-4　外部ファイル名の読み込み画面

2.7.3　CSVファイルを読んで計測値データベースに保存する（先頭にカラムヘッダーがある場合）

　図2.7.2-4で読み込むファイル名が表示されましたので、読んだデータを計測値データベースに保存するルーチンyomikomi1.cspを作りましょう。

　先頭にカラムヘッダーがある場合です。

　「2.6.1　計測値データを登録順に印刷する」で、計測値データを登録順にCSVファイルに印刷する方法を学びました。

　ファイルは

Open file:("NSW")は、外部ファイルに書き込むために外部ファイルを開く

Use file w（write）は、その外部ファイルに書く

でした。

今回はその逆です。

読むCSVファイルは、Cドライブの直下のフォルダ名はKEISOKUCHIにあります。ファイル名はKEISOKU20160412.csvです。

では、yomikomi1.cspでどのように読み込んでいくのか、覗いてみましょう。

ファイルを読むには、

```
Open file:("R")
```

でファイルをオープンし、

```
Use file r xy
```

で読みます。Use file r xy のrとはreadのことで、すなわち、xyを「読む」ということです。

ファイルをクローズするには、

```
Close file
```

を使用します。

CSVファイルを読むルール

ファイルは表2.7.1-1のような形になっています。

ファイル名はKEISOKU20160412.csvです。

Cドライブの直下のフォルダKEISOKUCHIに入っています。

先頭行にカラムヘッダーが入っています。

yomikomi1.cspはカラムヘッダーを除く場合のルーチンですから、カラムヘッダーがあっても、そのままデータとして読んでしまいます。図2.7.3-1では読み込み件数が5件となっています。読み込んだカラムヘッダーが削除されていることを管理ポータルのSQLで確認してください。

それでは、実行してみましょう。

① CSVファイル名を確認します。図2.7.2-4で読んだファイル名は「ファイル取込」ボタンを押したときに、メソッドに伝達されています。ファイル名とカラムヘッダーについては

ファイル名が、%sessiom（"FILEN"）

カラムヘッダーの有無が、%session（"HED"）

に保存されています。

%sessionに保存されているファイル名とカラムヘッダーの有無を取り出します。

② ファイルをOpenします。

③ Use fileで1行読みます。

④ データは何例あるのかわかりませんが、最後には"END"が入っています。"END"がきたら、xstop=1にします。

⑤ データはxj<999で、xstop=0のとき、読み続けます。999はあり得ない値として設定します。

　xa01="END"になるまで、1行ずつ読み続けます。

　CSVファイルですから、1行のプロパティ間は","で繋がっています。

⑥ 1行読む度に、データを区切り記号の","で分割してxa02からxa07の箱にデータを入れます。

xaの番号と内容

xaの番号	内容
xa01	順位 ここに"END"が入っている。また、カラムヘッダー（見出し）も入っている。
xa02	個人番号
xa03	カナ氏名
xa04	漢字氏名
xa05	測定年月日
xa06	身長
xa07	体重

　xa01は順位ですから有用でありません。"END"はxa01に入ります。

Use fileでxyを読み、区切り記号","の1番目をxa01に入れます。

　xa01="END"なら、xstop=1にします。

xa01="END"でなければ、例数xiに1つずつ加え、xa02からxa07にデータを入れます。

　カラムヘッダーありのファイルはxa01にカラムヘッダーが入っていますから、データを読まないようにします。例数xiもカウントしません。

⑦ 分割は$Pで行います。$Pは$Peaceです。

⑧ 読み込んだデータxa01からxa07は、

```
set q=##class(sousa.keisoku).%New()
```

に保存されます。

```
set ss=q.%Save()
set sc=q.%Close()
```

⑨ 万一保存に失敗したときは「保存できませんでした」のメッセージを表示します。

⑩ 最後に何例保存できたかを表示します。コードリストをご覧ください。

⑪ 最後は読み込み終了のメッセージが出るようにしましょう（図2.7.3-1）

コード2.7.3-1　保存　ルーチンyomikomi1.csp
```
<html>
```

第2章　データベースの作成 — 計測値のデータベースを作ろう　89

```
<head>
<title>CSVファイルから読み込み保存1</title>
<meta http-equiv="Content-Type" content="text/html;
charset=Shift_JIS">
</head>
<body bgcolor="#FFFFFF" text="#000000">
<h1 align=CENTER>CSVファイルから読み込み保存1</h1>
<form name="form">
<script language=CACHE runat=server>
set xfilen=%session.Get("FILEN")
set file=xfilen ①
set xstop=0
set xdate=$P($H,",",1)
set xzdate=$ZDATE(xdate,8)
set xj=0
set xi=0
set sss=0
set ssi=0
set xstop=0
do %session.Set("XSTOP",xstop)
set oldIO=$IO
Open file:("R") ②
while xj<999 & (xstop=0) ⑤
{
set xj=xj+1 ⑥例数カウント
Use file r xy ③
if xy'=""
{
set xa01=$P(xy,",",1) ③⑥
if xa01="END" ⑥
{
set xstop=1 ④
}
if xa01'="END"
```

```
{
set xi=xi+1
if xi'=1   ⑥カラムヘッダー無しの時削除
{
set xa02=$P(xy,",",2)   ⑥⑦
set xa03=$P(xy,",",3)
set xa04=$P(xy,",",4)
set xa05=$P(xy,",",5)
set xa06=$P(xy,",",6)
set xa07=$P(xy,",",7)
new q
set q=##class(sousa.keisoku).%New()   ⑧
set q.bango=xa02
set q.namaekana=xa03
set q.namaekanji=xa04
set q.nen=xa05
set q.shincho=xa06
set q.taiju=xa07
set ss=q.%Save()   ⑧
set sc=q.%Close()
if ss'=1
{
set sss=1
set ssi=xi
}
do %session.Set("I",xi)
}
}
}
}
Close file
Use oldIO
if sss=1
{
```

```
 w !!,"保存できませんでした=",ssi,!!   ⑨
 }
 w !!,"計測値",xi,"件、読み込み終了",!!   ⑩ ⑪
</script>
<center>
<table width="87%">
<tr><td width="23%">  </td>
<td width="77%">
<input type="button" name="btnBack" value="戻る"
onClick=#server(..COSback())#;>
</td></tr>
</table>
</center>
</form>
<script language=CACHE method="COSback"
arguments=""returntype="%Boolean">
&javascript< self.document.location="sokutei3.CSP"; >
QUIT 1
</script>
</body>
</html>
```

図2.7.3-1　外部ファイルから読んだデータを計測データベースに保存完了画面

図2.7.3-2　保存完了して元の画面に戻る

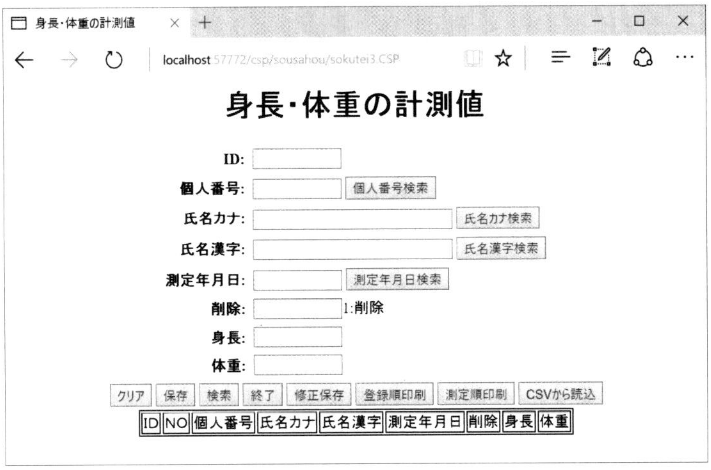

2.7.4　CSVファイルを読んで計測値データベースに保存する（先頭にカラムヘッダーが無い場合）

先頭にカラムヘッダーがある場合のルーチンはyomikomi1.cspです。

ルーチンyomikomi1.cspについては以下のとおりです。

① カラムヘッダーを削除するために、

```
if xi'=1
{
省略
}
```

を挿入して、xi=1のときは、データを読まないようにしています。

② 先頭にカラムヘッダーがあろうがなかろうが、データを全部保存できるように、上記のif命令を削除したルーチンをyomikomi2.cspとします。

2.7.5　外部CSVファイルとのSQLを用いたデータのインポート・エクスポート

Cachéの管理ポータルには、Cachéデータベースと外部CSVファイルとの相互のインポート・エクスポート機能があります。大変便利です。

① Cachéキューブから管理ポータルを選択します。

②S QLを選択します。ネームスペースを変更します。

③ SQLの画面で「ウィザード」のプルダウンメニューより、インポートかエクスポートかを選択します。

④ ファイル名を聞いてきます。

図2.7.5-1　SQLの選択画面

図2.7.5-2　ウィザードよりインポートかエクスポートかを選択

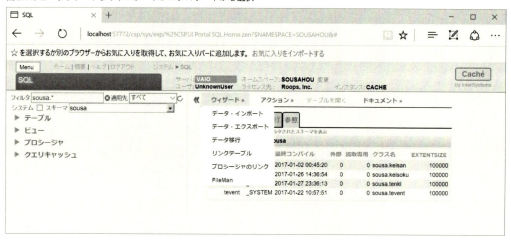

図2.7.5-3　ファイル名選択画面

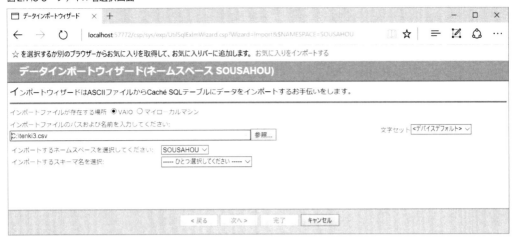

　以下省略します。管理ポータルのデータインポートまたはエクスポートのウィザードの指示どおりに「完了」まで進めてください。

2.8　全体的な注意点

2.8.1　データベースへの保存について

　データベースにデータを保存する場合、新規保存と修正保存の2種類あります。
・新規保存・・新しくデータを追加保存していく場合。
・修正保存・・システムのsys_IDがわかっていて修正したデータを元のsys_IDに保存する場合。
A．ウェブフォームウィザードで作成した「保存」ボタンには、下記に示したように、新規保存と修正保存の両方の機能があります。
・新規保存・・システムのsys_IDがわからない場合、新規にデータを追加保存する。
・修正保存・・「検索」ボタンで検索して、そのデータを修正する場合sys_IDが記載されるので、「保存」ボタンを押しても元のデータが修正される。
B．ウェブフォームウィザードを使用しないで新規保存または修正保存する場合の比較は次のとおりです。
・新規保存：sys_Idは不明。新規に追加保存しているから不明でも困らない。データのみ、%requestまたは%sessionで受け取っている。保存は　%New　%Save()である。
・修正保存：sys_Idは必要　sys_Idのあるデータを修正している。sys_Idの値とデータの両方を　%requestで受け取っている。
　保存は、%OpenId(xid)　%Save()、または、%OpenId(xid,4)　%Save()です。
　(xid,4)とした場合は複数ユーザーの同時使用不可になります。

2.8.2 HTMLの中で、Caché ObjectScriptを挿入する方法

A. 新規保存または修正保存のコードを記入する場所

HTMLフォームの中に、

```
<script language=CACHE runat=server> ～ </script>
```

を挿入してその中に記述する。

B. データベースのデータをクエリで検索して画面（ホームページ）に表示する場合

これも同様に、

```
<script language=CACHE runat=server> ～ </script>
```

の中に記述する。下記はクエリがQBANGOの例、

```
<script language=CACHE runat=server>
xval=%session.Get("V1")
q=##class(%Library.ResultSet).%New("sousa.keisoku:QBANGO)
do q.Execute(xval)
while q.Next()
{
}
Do q.%Close()
</script>
```

2.8.3 次のページ（サブルーチン）を開く方法

1. ボタンを押して引数をメソッドに渡し、メソッドから指定したサブルーチンに移動する場合、formの中のボタンでメソッドを指定し、引数を渡します。

```
<input type='button' name='btnNext' value=次へ
onClick=#server(..COSnt())#;>
```

formの外にあるメソッドで引数を受け取り、次のページ（サブルーチン）名を指定します。

```
</form>
<script language=CACHE method="COSnt" arguments=""
returntype="%Boolean">
&javascript< self.document.location="sokutei1.csp";>
  QUIT 1
```

96 ｜ 第2章　データベースの作成 ― 計測値のデータベースを作ろう

```
</script>
</body>
</html>
```

2.　ボタンの形をしているが、submit から action を利用する場合
form の中は

```
<input type="submit" name="subSave" value="新規保存">
```

です。

form に action としてサブルーチン名を指定します。

```
<form name='form' action="sokhozonnew.csp" cspbind='objForm'
cspjs='All' onsubmit='return form_validate();'>
```

3.　サーバの中で HTML の <a> ～ </a> を使う場合、

```
<script language=CACHE runat=server> ～ </script>
```

の中の HTML の中の <a href > でサブルーチン名を指定し、データの ID を指示しています。次
にそのサブルーチンに書くデータを記載しています。

<script> の中であるから HTML のタグは、<< >> のように二重になっています。

```
&HTML< <tr><td><a href=sokutei3.csp?OBJID=#(..EscapeHTML(xid))#
&LINK="1" target="">#(xid)#</a></td> >

&HTML< <td>#(xjun)#</td><td>#(xbango)#</td><td>#(xkana)#</td>
<td>#(xkanji)#</td><td>#(xnen)#</td> >
```

2.8.4　Caché ObjectScript の解説

本章に記載の $Order と $Get について詳述します。

```
F J=0:0 S X1=$O(^KEI(X1)) Q:X1="" D
```

上記コードの説明を説明します。

A.　$Order については

① 　For 文　J=0:0 J = 0 から始まって 0 ずつ、終わりなく、Do 文を実行します。

② 　$Order　^KEI(X1) の添字 X1 を読んで、その値を変数 X1 に Set します。

③ 　Quit 文　Q:X1="" 変数 X1="" になったら $Order は Quit 止まります。

④ 　Do 文　$Order で ^KEI(X1) の X1 を読む度に、次の行（. の付いた行）を実行します。

Do 文が 1 行で収まらないときは、「.」を付けて下に続けることができます。

最後はQを付けます。

Do文の前はスペースを2つ空けます。

B.　$Getについては、

⑤　$Get文　^KEI(X1,X2,X3)に入っているデータを^XDD(xjj)に入れます。

⑥　For，$Order，Quit，Do，$Getは頭文字だけで使用できます。

C.　グローバル変数が3次元の場合、次のようになります。

```
F J=0:0 S X1=$O(^KEI(X1)) Q:X1="" D    ①②③④
.F K=0:0 S X2=$O(^KEI(X1,X2)) Q:X2="" D
..F L=0:0 S X3=$O(^KEI(X1,X2,X3)) Q:X3="" D
...S xjj=xjj+1
...S ^XDD(xjj)=$G(^KEI(X1,X2,X3))    ⑤
...Q
..Q
.Q
Q
```

本章のまとめ

　第2章では、Cachéデータベースについて説明しています。データベースにデータを登録するプログラムを作成する場合、それが新規登録であるか修正保存であるかを、常に、明確に区別しておく必要があります。これが本章の課題です。そのポイントをまとめておきましょう。

・まず、計測値（身長・体重）のデータベースを完成させます。間違えて別の人のデータをデータベースに入力してしまわないように、個人番号は必要です。

・第1章で作成した身長データベースのクラスに個人番号等のプロパティを追加します。プロパティはスタジオでクラスの中に随時追加していくことができます。

・データベースに登録するデータは、HTMLのフォームに入力します。そのデータをCachéに渡します。

・データベースに新規保存する方法は、%sessionを用いる方法と%requestを用いる方法の2種類あります。

・新規保存は、入力されたデータを入力順にID番号を付けてデータベースに保存していきます。

・データベースに保存されているデータを確認し、間違っていればデータを修正して保存したい場合は、まず、データベースを検索して求めるデータを表示します。

・データを検索するのにクエリを用います。クエリはスタジオでクラスの中に定義します。クエリはスタジオでクラスの中に随時追加していくことができます。クエリを補完するものとしてグローバルを利用する方法があります。

・検索したデータをページに表示するには、#(xbango)#のように、変数名を#( )#で囲んでおきます。そうすることで変数に入っているデータが表示されます。表示されたデータの中から参照したいデータのID番号を選択すると、HTMLのフォームに表示されます。

・フォームに表示されたデータを修正し、それを修正保存する方法は、%request.Get("OBJID")でID番号を入手して、そこのデータベースを%OpenIdで開いて、そこに修正したデータを追加または上書き保存します。

・データベースには正しいデータが格納されていなければなりません。システムを設計する際には、必ず一度は入力されたデータを表示し、間違いがないか、確認できる画面を作成しておいてください。

・データの確認と同様に、ルーチンやクエリを作成するときには、毎回、間違いなく稼働しているか、動作を確認してください。スタジオにはデバッグする機能は付いています。しかしCSPの場合、HTML等が関係していますので、エラーメッセージが表示されない場合があります。一歩進む度に動作を確認してから次へ進めば、バグがあるとすれば二歩目だとわかります。バグを見つけるのが楽なのです。一歩ずつ、確実に前進しましょう。

・外部CSVファイルにデータベースのデータを印刷する方法と、外部CSVファイルを読んで、そのデータをデータベースに保存する方法も、よく使いますから覚えておいてください。

・管理ポータルから外部CSVファイルにデータベースのデータをインポート・エクスポートする方法もあります。

第3章 数値計算 ― Web計算機を作ろう

【学習目標】

電卓程度の単純な計算ができる計算機を2台繋ぎ合わせて、どこまで複雑な計算が可能か？その方法を追求します。

これから作成するWeb計算機は電卓の計算機能を備えています。電卓で複雑な計算をする場合は、計算の途中経過の数字をどこかにメモしておかなければなりません。メモは一切とらないで、電卓で計算できる程度の計算をすることを目指しています。途中の計算経過や最後の解答を保存しておくことも可能です。

A、B、C、Kという4個の箱があります。ここに数字を入れて計算します。その答えはKという4個目の箱にしか入りません。計算できるのは四則演算と指数や平方根です。単純な計算式を用いて、4箱しかないWeb計算機で、はたしてどこまで複雑な計算ができるでしょうか？それを試してみます。

知恵の輪を解いていくように、どの箱に何を入れるかの工夫が必要です。頭の体操になります。クイズです。計算する手順を考えて解いてください。

3.1 Web計算機のフォームを作る

3.1.1 クラスとプロパティを定義する

Caché キューブからスタジオを開き、ネームスペースsousahouのパッケージsousaに、新たにクラスsousa.keisanを定義します。プロパティにはkazuA、kazuB、kotaeを定義し、最後にコンパイルしましょう。作成方法は第1章の1.3と1.4 前章で覚えましたから、復習してください。

3.1.2 Web計算機のフォームを作る

スタジオで、「ファイル新規作成」→「CSP ファイル」→「Caché server page」→「ツール」→「テンプレート」→「ウェブフォームウィザード」で簡単に作成できます。

どのようなページができているか見てみましょう。スタジオの、「表示」→「ブラウザで表示」を選択します。次のような画面（図3.1.2-1）が表示されますか？ 自動的にUntitled1.cspのファイル名が付いています。これをkeisanki1.cspという名前を付けて保存しましょう。

図 3.1.2-1　Web 計算機の画面例

　ここまでは簡単にできました。

　数 A と数 B に数値を入れ、「保存」ボタンを押すと、データベースに保存されます。「検索」ボタンを押すと検索ができます。

　しかし、まだ何も反応しません。計算機を作るのがこの章の目的です。これだけでは何も動きません。枠組みができただけです。何を加えたらいいでしょうか？　図 3.1.2-1 の状態で放置しておくと、次に「表示」→「ブラウザで表示」を選択したときに図 3.1.2-2 の画面が出ます。

図 3.1.2-2 Service Unavailable の表示例

時間がきたら自動的に画面が切れてしまうように設定されています。

　画面をそのままに放置しておくと、別の人に見られる可能性があり、セキュリティを守るために、ある一定時間が過ぎれば画面が切れるようにしてあるのです。こうなると、Caché をシャットダウンして再起動しないかぎりどうにもなりません。ユーザー数の少ない Caché で作業していると常にこの現象が起こります。面倒ですね。まず、「終了」ボタンを追加してこの現象を防ぎましょう。

3.1.3　終了ボタンを追加する

　「クリア」「保存」「検索」ボタンの横に「終了」ボタンを追加します。「検索」ボタンのコードの最後に付いている </td> を消して、「終了」ボタンのコードの最後に </td> を付け加えてください。これを忘れると「終了」ボタンはページの上部に表示されて図 3.1.3-1 のように並びません。

第 3 章　数値計算 ― Web 計算機を作ろう　101

```
<input type='button' name='btnEnd' value=終了
onClick=#server(..COSendSession)#;>
</td>
```

それから「sousa.keisan」はわかりにくいので「計　算」に変え、その下に説明文を追加しましょう。

```
<h1 align='center'>計 算</h1>
```

<form>の下に説明文を加えましょう。

```
<form name='form' cspbind='objForm' cspjs='All' onsubmit= 'return form_validate();'>
<center>
<p>計算する数AとBを入れてください</p>
```

フォームのサイズが長すぎるので、size=30にしましょう。

```
<tr><td><b><div align='right'>数A:</div></b></td>
<td><input type='text' name='kazuA' cspbind='kazuA' size='30'>
</td></tr>
```

以下、数BkazuBと解答kotaeもsize='30'にしてください。画面を開くと図3.1.3-1のようになっていますか？

図3.1.3-1　ボタン「終了」を追加する

3.2　ターミナルを使う　計算方法の確認

3.2.1　何を計算するか計画する

電卓に見習い、主として四則演算ができるようにしたいです。さらにそれ以上の機能として、

指数演算、平方根ができるようにしましょう。

3.2.2　ターミナルでテストしてみる

　Cachéキューブ→ターミナルを選択すると、ターミナルエミュレーションウインドウが開き、「USER＞」というシステムプロンプトが表示されます（図3.2.2-1）。USERとはネームスペースの名前です。

　Cachéのインストール時にUSERは設定されていました。身長登録時にネームスペースSOUSAHOUを作りました。SOUSAHOUを使ってもかまいません。ここで任意のCaché ObjectScriptコードを入力して、実行したりできます。簡単なテストやプログラムのデバッグのために利用できます。いろいろな計算をしてみましょう。間違えればエラーメッセージが出ます。

文字	内容
S	Setの略
W	Writeの略
+、－、＊、/	四則演算子
**	指数演算子

　ターミナルを選択して出てくる最初の画面には
「ノード：VAIO　インスタンス：CACHE」
と表示されます（ここではVAIOのノートPCを使っていますのでVAIOと表示されています）。
　その下に
USER>
と表示されます。
　終了するときは、
USER>h
のように、hを入力しリターンします。
　ターミナルではCaché ObjectScriptとともにグローバル変数も使えます。ローカル変数はサーバをシャットダウンすれば消えますが、グローバル変数はディスクに保存されていますので消えません。ローカル変数Aに^を付ければグローバル変数になります。すなわち、^Aです。第1章1.6.2を参照してください。試してみましょう。
　ターミナルで、
S　K=A+B・・・KにA+Bの値を入れる
S　^K=K・・・^KにKの値を入れる
と入力したらどうなるでしょうか？（図3.2.2-2）　Wを入力すると次の行に答えが表示されます。SやWは小文字でもかまいません。

次の表にターミナルでの入力例を示します。

ターミナルでの入力例

入力	内容
S A=3	Aに3を設定する
S B=5	Bに5を設定する
W A+B	A+Bの計算結果を表示する
S K=A+B	KにA+Bの値を入れる
W K	A+Bの計算結果を表示する
S ^K=K	グローバル^KにKの値を入れてグローバルに保存する
W ^K	グローバル^Kの値を表示する

図 3.2.2-1　ターミナルでテスト（1. 各種計算してみる）

```
Cache TRM:16216 (CACHE)                                    —    ×
ファイル(F)　編集(E)　ヘルプ(H)

ノード: VAIO インスタンス: CACHE

USER>S A=3

USER>S B=5

USER>W A+B
8
USER>W A-B
-2
USER>W A*B
15
USER>W A**B
243
USER>W B/A
1.666666666666666667
USER>
```

図 3.2.2-2　ターミナルでテストする（2. グローバルに保存してみる）

```
Cache TRM:16752 (CACHE)                                    —    ×
ファイル(F)　編集(E)　ヘルプ(H)

ノード: VAIO インスタンス: CACHE

USER>s A=5

USER>s B=2

USER>s K=A+B

USER>w K
7
USER>s ^K=K

USER>
```

104 | 第3章　数値計算 — Web計算機を作ろう

3.2.3　管理ポータルで確認する

グローバルに保存されているか、管理ポータルで確認しましょう。管理ポータルのグローバルを選択します（図3.2.3-1）。ネームスペースをUSERにします。グローバル変数はKしかありませんでした。Kをチェックして表示を選択します（図3.2.3-2）。「^K = 7」として保存されています。テスト的に保存したのですから、^Kは削除しておきましょう。「編集を許可」にチェックを入れればデータを削除できます。

図3.2.3-1　ネームスペースUSERのグローバルK選択

図3.2.3-2　ネームスペースUSERのグローバルKに保存されているデータ参照

3.3　計算ボタンを付ける　メソッドと引数

最初にA＋Bの計算をしてみます。数Aと数Bに数字を入れて、「A＋B」ボタンを押すと「A＋B」の答えが解答のフォームに記入されるようにしましょう。

3.3.1　計算ボタンの追加

解答のinputフォームの下にボタンを追加します。
①は、Web画面に「A＋B＝」と表示するコードで、HTMLのタグです。

②は、「計算1」のボタンを押せば、現在のformにあるkazuAとkazuBとkotaeの値をサーバ上のCACHE methodのCOSkeisan1に引き渡す、というものです。

```
<tr>
<td><b><div align='right'>解答:</div></b></td>
<td><input type='text' name='kotae' cspbind='kotae' size='30'></td>
<table>
<tr>
<td><b><div align='right'>A + B =</div></b></td>  ①
<td><input type='button' name='btnKei1' value=計算1
onClick=#server(..COSkeisan1(self.document.form.kazuA.value,
self.document.form.kazuB.value,
self.document.form.kotae.value))#;>  ②
</td>
</tr>
```

3.3.2 インスペクタのボタンを付ける

「終了」ボタンの横に「ins」というボタンを付けて、インスペクタというものを参照できるようにしておきましょう。これはシステムの動きを見るもので、便利なものです。本稼働時には削除しますが、開発中は頻繁に利用します。後述しますが、とりあえず今から入れておきましょう。

「Cドライブ」→「InterSystems」→「Cache」→「CSP」→「samples」フォルダの中にinspector.cspというルーチンがあります。これをコピーして「CSP」→「sousahou」フォルダに入れておきます。それから、keisanki1.cspの最後に「ins」ボタンを追加します。

```
<input type='button' name='ins' value='ins'
onClick=self.document.location="Inspector.csp";>
```

図 3.3.2-1　keisanki1.csp の表示画面

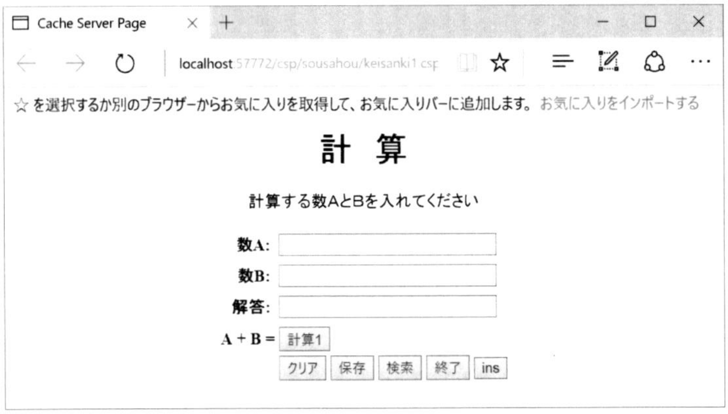

　これで一応、Web画面の形だけは完結しました。「表示」→「ブラウザで表示」を選択し、表示してみてください。図3.3.2-1が表示されます。「ins」もあります。

　次は、AとBを入力し、「計算1」を押せば、解答のフォームにA＋Bの答えが表示されるようにしましょう。

3.4　計算するメソッドと引数

3.4.1　計算するメソッドの枠組みを作る

　「計算1」のボタンを押したときに、COSkeisan1に引き渡されるデータkazuA、kazuB、kotaeの値を、受け取る側のCACHE methodは<form>の外に追加するようにします。

　これはCaché ObjectScriptで書きます。HTMLの法則どおり<script> ～ </script>で囲みます。この中に計算式を書きます。画面だけはでき上がりましたが、まだ計算できません。

コード 3.4.1-1　CACHE method の外枠　ルーチン keisanki1.csp

```
</form>
 <script language=CACHE method="COSkeisan1" arguments=
"kazuA:%Library.String,kazuB:%Library.String,kotae:%Library.String"
returntype="%Boolean">


</script>
```

3.4.2　メソッドに計算式を挿入する

　CACHE methodに次のコードを挿入します。

第3章　数値計算 ─ Web計算機を作ろう　107

コード3.4.2-1　CACHE method　ルーチンkeisanki1.csp

```
<script language=CACHE method="COSkeisan1" arguments=
"kazuA:%Library.String,kazuB:%Library.String,kotae:%Library.String"
returntype="%Boolean">
set A=kazuA  ①
set B=kazuB
set kotae=kotae
set C=A+B  ②
set kotae=C  ②
set ^A=A  ③
set ^B=B
set ^C=C
set ^kotae=C
do %session.Set("kotae",C)  ④
&javascript<
self.document.form.kazuA.value=#(..QuoteJS(kazuA))#;>  ⑤
&javascript< self.document.form.kazuB.value=#(..QuoteJS(kazuB))#;>
&javascript< self.document.form.kotae.value=#(..QuoteJS(kotae))#;>
QUIT 1  ⑥
</script>
```

① ボタン「計算1」データをA，B，kotaeに入れます。

② A+Bの値をCに入れます。さらに、kotaeにCの値を入れます。

③ 念のためグローバルに保存しておきます。

④ 念のため%sessionにCの値を保存しておきます。

⑤ フォームに表示します。

⑥ 終了します。

　前述のように、③はデバッグできるようにグローバルに保存しておきます。

④は、第2章の新規保存で出てきました。%sessionにデータを保存することができます。ただし、これはsessionが切れると消えてしまいます。一時的に保存しておきたいときに使います。

⑤は、HTMLのフォーム（kazuA，kazuB，kotae）に結果を書き込むためのコードです。&javascript<　>のタグが付いています。

　では、「表示」→「ブラウザで表示」を選択し、表示してみましょう。

　数AとBに適当な数字を入れて、「計算1」ボタンを押してください。正しい答えが出ましたか？（図3.4.2-1）

108　第3章　数値計算 — Web計算機を作ろう

図3.4.2-1 「5＋2」の計算結果

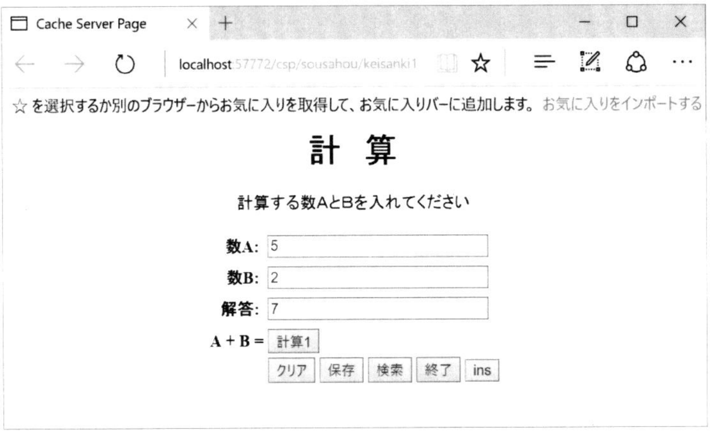

ここで「ins」ボタンを押してみてください。図3.5.1-1が表示されましたか？

3.5　結果の確認　オブジェクトインスペクタで見る

3.5.1　オブジェクトインスペクタで見る

図3.4.2-1の計算画面で「ins」ボタンを押すと、オブジェクトインスペクタの画面が表示されます。

図3.5.1-1　インスペクタの画面例

これはデバッグに利用します。最後の方にSession Dataが表示されています（図3.5.1-2）。methodに入れておいた%session.Data("kotae")に7が入っています。正しく計算されていることがわかります。

図 3.5.1-2 Session.Data の表示例

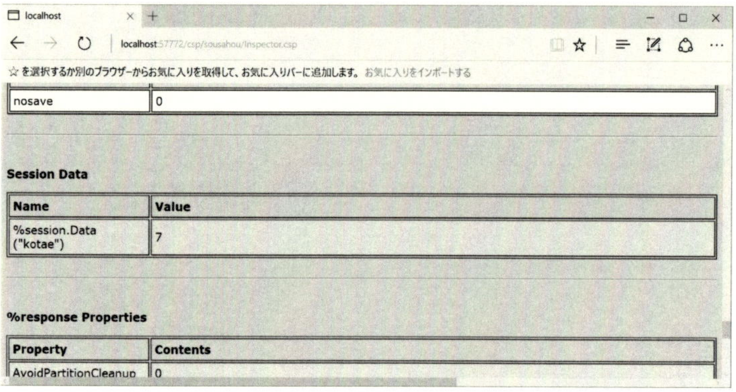

3.6 各種計算機能の追加

3.6.1 各種計算機能とは？

A＋Bの計算ルーチンが完成しましたなら、keisanki1.cspに保存してください。

次に、A－B，A＊B，A／B，AのB乗，Aの平方根を計算する機能を追加します。

A＋B＝計算1・・・COSkeisan1

A－B＝計算2・・・COSkeisan2

A＊B＝計算3・・・COSkeisan3

A／B＝計算4・・・COSkeisan4

AのB乗＝計算5・・・COSkeisan5

Aの平方根＝計算6・・・COSkeisan6

はじめに、keisanki1.cspをkeisanki2.cspにルーチン名を変えて保存しておきます。それから、keisanki1.cspにあるA＋BのCACHE methodをkeisanki2.cspに5回コピーします。すなわち、COSkeisan1をコピーしてCOSkeisan2からCOSkeisan6までを作成し、中の計算式を書き換えます。AのB乗はA**Bです。

コード 3.6.1-1　AのB乗 method　ルーチン keisanki2.csp

```
<script language=CACHE method="COSkeisan5" arguments=
"kazuA:%Library.String,kazuB:%Library.String,kotae:%Library.String"
returntype="%Boolean">

set A=kazuA

set B=kazuB

set kotae=kotae

set C=A**B

set kotae=C
```

110 | 第3章　数値計算 ― Web計算機を作ろう

```
set ^A=A
set ^B=B
set ^C=C
set ^kotae=C
do %session.Set("kotae",C)
&javascript< self.document.form.kazuA.value=#(..QuoteJS(kazuA))#;>
&javascript< self.document.form.kazuB.value=#(..QuoteJS(kazuB))#;>
&javascript< self.document.form.kotae.value=#(..QuoteJS(kotae))#;>
QUIT 1
</script>
```

コード続き　平方根の計算method　平方根は $ZSQR(n)関数を使用する

```
<script language=CACHE method="COSkeisan6" arguments=
"kazuA:%Library.String,kazuB:%Library.String,kotae:%Library.String"
returntype="%Boolean">
set A=kazuA
set B=kazuB
set kotae=kotae
if A<0
{
set C="マイナスは計算できません"
}
if A'<0
{
set C=$ZSQR(A)
}
set kotae=C
set ^A=A
set ^B=B
set ^C=C
set ^kotae=C
do %session.Set("kotae",C)
&javascript< self.document.form.kazuA.value=#(..QuoteJS(kazuA))#;>
&javascript< self.document.form.kazuB.value=#(..QuoteJS(kazuB))#;>
&javascript< self.document.form.kotae.value=#(..QuoteJS(kotae))#;>
```

```
QUIT 1
</script>
```

　ブラウザに表示したら図3.6.1-1のようになったでしょうか？　いろいろな数字を入れて計算してください。A=2、B=5.16で割り算すれば、19桁の答えが表示されます（図3.6.1-2）。精密な計算をしたいときは有利です。コメントも表示されます（図3.6.1-3）

　以上でおわかりのように、プロパティの定義時にはkazuA、kazuB、kotaeとも、変数はStringにしてあります。数字でも文字でも計算できます。宣言しておく必要はありません。文字列でも＋を付ける。すなわちA=+Aとすれば数字とみなして計算します。＋を付けなくても、文字列のはじめに数字があれば、それを数字とみなして計算してくれます。はじめに数字が無ければ、0とみなして計算します。ターミナルでテストしてみてください（図3.6.1-4）。整数か実数かも区別しなくて通用しますが、整数にしなければならないときは、プロパティの定義時に変数をIntegerにします。

図3.6.1-1　keisanki2.csp　Aの平方根を計算する

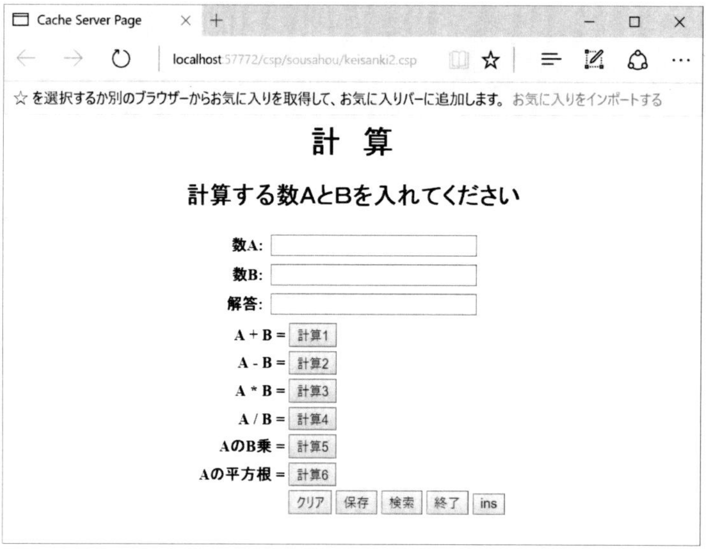

112 | 第3章　数値計算 ― Web計算機を作ろう

図3.6.1-2　平方根計算例1：解答の桁数は19桁になる

図3.6.1-3　平方根計算例2：コメントの表示例

図3.6.1-4　ターミナルでのテスト例

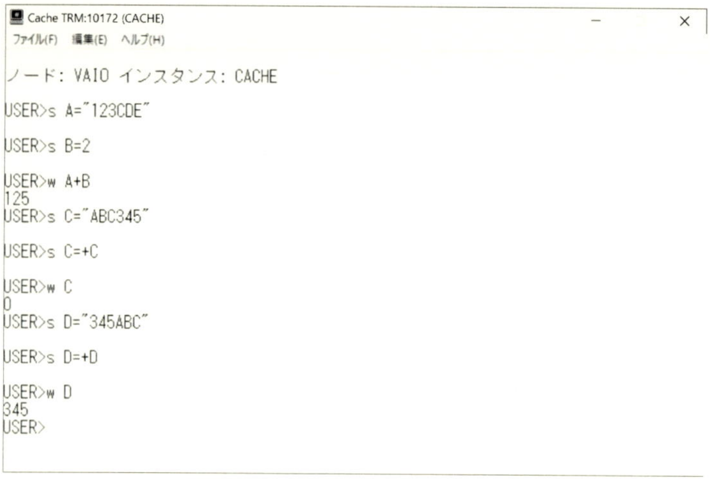

```
Cache TRM:10172 (CACHE)                                    ─    ×
ファイル(F)  編集(E)  ヘルプ(H)
ノード: VAIO インスタンス: CACHE
USER>s A="123CDE"

USER>s B=2

USER>w A+B
125
USER>s C="ABC345"

USER>s C=+C

USER>w C
0
USER>s D="345ABC"

USER>s D=+D

USER>w D
345
USER>
```

3.6.2　連続して計算するためにプロパティkazuCを追加

　以上でA＋Bの計算はできるようになりましたが、A＋B＋C＋・・の計算はできません。計算機としては未完です。プロパティの数Cとして「kazuC」を追加しましょう。

　方法は、

① クラスにプロパティkazuCを追加します。

② ルーチンkeisanki2.cspにkazuCを追加します。

　以下のコードをコピーして、keisanki3.cspで保存します。

コード3.6.2-1　ルーチンkeisanki3.csp

```
<tr>
<td><b><div align='right'>数A:</div></b></td>
<td><input type='text' name='kazuA' cspbind='kazuA' size='30'></td>
</tr>
```

　次の行に貼り付け、AをCに変更します。

```
<tr>
<td><b><div align='right'>数C:</div></b></td>
<td><input type='text' name='kazuC' cspbind='kazuC' size='30'></td>
</tr>
```

　「表示」→「ブラウザで表示」を選択して確認してください。

114　第3章　数値計算 ─ Web計算機を作ろう

図 3.6.2-1　keisanki3.csp

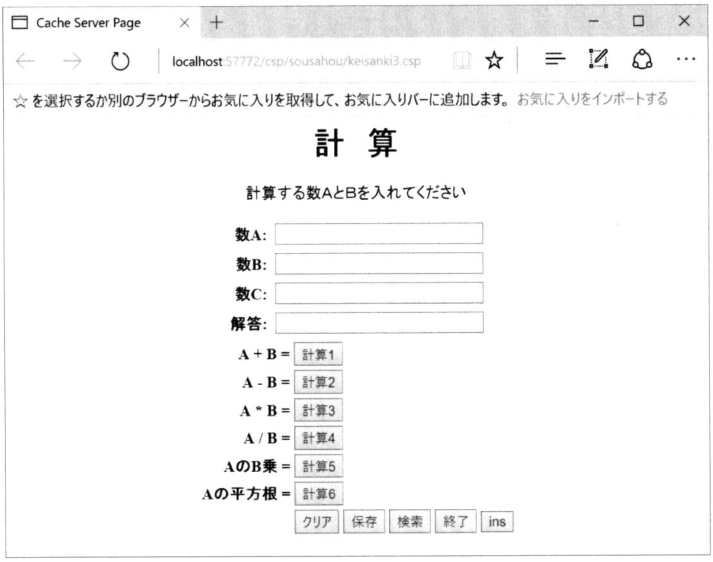

3.6.3　連続して複雑な計算ができるようにする

「計算1」から「計算6」までの計算で生じる「解答」に、数Cを加えたり、引いたり、できるようにしましょう。そうすることで、より複雑な計算、例えば、

K=(A+B)+C・・・これにより1から50までの数の加算ができます

K=(A+B)-C

K=(A+B)*C

K=(A+B)/C

などができるようになります。組み合わせにより、

K=((A+B+C)/C)・・・ここで数CをDの値に変えると

K1=(((A+B+C)/C)*D)-D・・・などの計算ができます。

試しに、ボタン「計算1」の下に、解答＋C＝「計算8」のボタンを作ってみます。

コード 3.6.3-1　ボタンの追加　ルーチン keisanki3.csp

```
<tr>
<td><b><div align='right'>A + B =</div></b></td>
<td><input type='button' name='btnKei1' value=計算1
onClick=#server(..COSkeisan1(
self.document.form.kazuA.value,self.document.form.kazuB.value,
self.document.form.kotae.value))#;>
<b>・・・解答＋C=</b>
<input type='button' name='btnKei8' value=計算8
onClick=#server(..COSkeisan8(
```

第3章　数値計算 — Web計算機を作ろう　115

```
self.document.form.kazuA.value,self.document.form.kazuB.value,
self.document.form.kazuC.value,self.document.form.kotae.value))#;>
</td>
</tr>
```

「計算1」をコピーして、「btnKei1」を「btnKei8」に、「計算1」を「計算8」に変更し、「self.document.form.kazuC.value」を追加しています。さらに、Methodの「COSkeisan8」も追加します。

コード 3.6.3-2　Method の COSkeisan8 の追加　ルーチン keisanki4.csp

```
<script language=CACHE method="COSkeisan8" arguments=
"kazuA:%Library.String,kazuB:%Library.String,kazuC:
%Library.String,kotae:%Library.String" returntype="%Boolean">
set A=kazuA
set B=kazuB
set C=kazuC
set kkk=%session.Get("kotae")
set kk=kkk+C
set kotae=kk
do %session.Set("kotae",kk)
&javascript< self.document.form.kazuA.value=#(..QuoteJS(kazuA))#;>
&javascript< self.document.form.kazuB.value=#(..QuoteJS(kazuB))#;>
&javascript< self.document.form.kotae.value=#(..QuoteJS(kotae))#;>
QUIT 1
</script>
```

ここで%sessionが2種類出てきます。Getは取り出し、Setは入れる、Doは実行です。

%session の記述

%session	内容
set kkk=%session.Get("kotae")	%session("kotae")にある値を kkk に入れる
do %session.Set("kotae",kk)	kk の値を %session("kotae")に入れる

動作を確認できたら、グローバルにデータを保存しているコードは削除しておきましょう。完成したら、keisanki4.cspで保存しましょう。

図3.6.3-1　keisanki4.csp

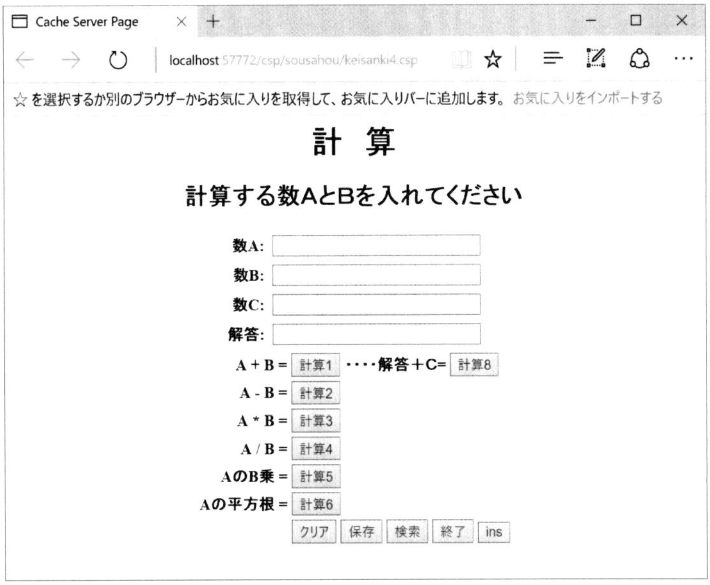

3.6.4　残りの複雑な計算機能を追加する

3.6.1では数Aと数Bとの四則演算と指数・平方根の計算ボタンを付けました。

3.6.4では、解答Kと数Cとの四則演算と指数・平方根の計算ボタンを付けます。ボタン名称、メソッド名の一覧表（表3.6.4-1）のとおりに、「計算8」のボタンとメソッドを5回コピーして修正しましょう。

表3.6.4-1　各種計算機能のボタン名とメソッド名一覧

3.6.1　各種計算機能	3.6.4　残りの複雑な計算機能
A＋B＝計算1・・COSkeisan1 A－B＝計算2・・COSkeisan2 A＊B＝計算3・・COSkeisan3 A／B＝計算4・・COSkeisan4 AのB乗＝計算5・・COSkeisan5 Aの平方根＝計算6・・COSkeisan6	K＋C＝計算8・・・COSkeisan8 K－C＝計算9・・・COSkeisan9 K＊C＝計算10・COSkeisan10 K／C＝計算11・・COSkeisan11 KのC乗＝計算12・・COSkeisan12 Kの平方根＝計算13・・COSkeisan13

コード3.6.4-1　MethodのCOSkeisan9追加　ルーチンkeisanki5.csp

```
<script language=CACHE method="COSkeisan9" arguments=
"kazuA:%Library.String,kazuB:%Library.String,
kazuC:%Library.String,kotae:%Library.String" returntype="%Boolean">
set A=kazuA
set B=kazuB
set C=kazuC
```

第3章　数値計算 — Web計算機を作ろう　117

```
set kkk=%session.Get("kotae")
set kk=kkk-C
set kotae=kk
do %session.Set("kotae",kk)
&javascript< self.document.form.kazuA.value=#(..QuoteJS(kazuA))#;>
&javascript< self.document.form.kazuB.value=#(..QuoteJS(kazuB))#;>
&javascript< self.document.form.kazuC.value=#(..QuoteJS(kazuC))#;>
&javascript< self.document.form.kotae.value=#(..QuoteJS(kotae))#;>
QUIT 1
</script>
```

コード続き　タイトル「計算」の下にある説明文も以下のように追加する

```
<form name='form' cspbind='objForm' cspjs='All' onsubmit='return form_validate();'>
<center>
<p>計算1～5：計算する数AとBを入れてください</p>
<p>計算8～13：続けて計算する数をCに入れてください</p>
<p>最後は必ず「終了」ボタンを押してください</p>
```

　ブラウザに表示できれば計算機は完成です（図3.6.4-1）。keisanki5.cspという名前で保存しましょう。

図3.6.4-2　keisanki5.cspの画面

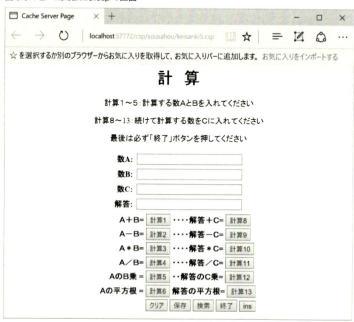

3.7　AからBずつ増加してCまでの数の合計を計算する

3.7.1　1から1ずつ増加して50までの数の合計を計算する

　これを解くためには、Web計算機では何回も数字を入力しなければなりません。面倒ですから、一発で解答できるように、計算式を埋め込みましょう。

3.7.2　If命令とFor命令について

　平方根の計算をするときにIf命令を使いました。

```
If A<0
{
set C="マイナスは計算できません"
}
```

　If命令は略してIでもかまいません。｛　｝を使わずに、1行にもできます。

```
I A<0 S C="マイナスは計算できません"
```

　I命令は条件により枝分かれさせることができます。

　A<0は条件です。条件として、 =、<、>、<、[、?1N、?.n、!、&などを使用できます。

　For命令は繰り返しです。略してFです。例えば、

```
S X=0
F I=2:1:50 S X=X+I
```

とします。F命令は「はじめにXに0を入れておき、Iは2から始めて1ずつ増加させて50になるまでX＋Iを計算し、その答えをXに入れる。」すなわち

I＝初期値：増分：終り値

となります。

　終り値無しで使用することもあります。

```
for I=0:0 set J=J+1,X=X+I if J=0 Q
```

　「If J=0 Q」をQ:J=0とすることができます。Qとは終了のことで、無限の繰り返しがJ＝0になれば止まります。

　1から1ずつ増加して50までの数の合計の計算は、下記のとおりです。

```
S X=0
F I=1:1:50  S X=X+1
```

3.7.3　AからBずつ増加してCまでの数の合計を計算する

解答は、下記のとおりです。3.7.1の一般形です。

```
S X=0
F I=A:B:C S X=X+I
```

3.7.4　連続の加算の機能を追加する

それでは、keisanki5.cspに、AからBずつ増加してCまでの数の加算ができる機能を追加しましょう。ボタンは「計算7」として、keisanki6.cspに保存しましょう。

図3.7.4-1　keisanki6.cspの画面例

3.7.5　連続の加算の説明文を入れる

フォームの「計　算」の下に、連続の加算の説明文を追加しましょう。

```
<form name='form' cspbind='objForm' cspjs='All' onsubmit='return form_validate();'>

<center>
<p>計算1～5：計算する数AとBを入れてください</p>
<p>計算7：数AからBずつ増加してCまでの数の合計</p>
<p>計算8～13：続けて計算する数をCに入れてください</p>
```

```
<p>最後は必ず「終了」ボタンを押してください</p>
<table cellpadding='3'>
```

　これで、電卓とほぼ同様な機能のある計算機ができました。桁数が19桁もありますから、もう少し工夫してもっと高度な計算ができるようにしましょう。

　数Cに解答の値をコピーできるようにします。

3.8　その他の便利な機能の追加

　電卓の場合は、電卓で部分的な計算を行い、その答えをメモしながら、後でメモの数値を再度、電卓に入れて計算を繰り返します。

　Web計算機は、手書き作業を一切なくすことを目的としています。数字を入れる箱は、A、B、C、Kの4箱あり、答えはKの箱に表示されます。この4箱を利用して複雑な計算を完了させなければなりません。これまで、AとB間の計算、KとC間の計算ができるボタンを付けました。

　この節では、それらの計算機能を利用しながら、途中経過で生じる解答Kの値をA，B，C，Kの4箱の中で、空いている箱に一時的に保存させる機能を付けます。

表3.8.1-1　各種計算機能のボタン名とメソッド名一覧追加

各種計算	追加計算	その他の機能
A+B：計算1	K+C：計算8・　COSkeisan8	AとK逆転：計算17・　COSkeisan17
A-B：計算2	K-C：計算9・　COSkeisan9	BとK逆転：計算16・　COSkeisan16
A*B：計算3	K*C：計算10・　COSkeisan10	CとK逆転：計算15・　COSkeisan15
A/B：計算4	K/C：計算11・　COSkeisan11	CにK-copy：計算14・　COSkeisan14
AB ：計算5	KB：計算12・　COSkeisan12	円周率：計算18・　COSkeisan18
√A：計算6	√K：計算13・　COSkeisan13	連続の加算：計算7・　COSkeisan7

3.8.1　フォームCにKの解答データを入れる（コピー）

　ボタンは「計算14」とします。「計算7」の下に挿入します。7を14に変えてください。「計算7」の</td>を削除します。これでボタンは「計算7」「計算14」が並びます。

```
kazuB.value,self.document.form.kotae.value))#;>
<b>・・・・解答＋C=</b>
<input type='button' name='btnKei14' value=計算14
onClick=#server(..COSkeisan14(self.document.form.kazuA.value,
self.document.form.kazuB.value,self.document.form.kazuC.value,
self.document.form.kotae.value))#;>
```

```
</td>
</tr>
```

MethodのCOSkeisan14も追加します。COSkeisan8をコピーして一部書き換えます。

```
<script language=CACHE method="COSkeisan14" arguments=
"kazuA:%Library.String,kazuB:%Library.String,kazuC:
%Library.String,kotae:%Library.String" returntype="%Boolean">
set A=kazuA
set B=kazuB
set C=kazuC
set kotae=kotae
set kazuC=kotae
do %session.Set("kazuC",kazuC)
do %session.Set("kotae",kotae)
&javascript< self.document.form.kazuA.value=#(..QuoteJS(kazuA))#;>
&javascript< self.document.form.kazuB.value=#(..QuoteJS(kazuB))#;>
&javascript< self.document.form.kazuC.value=#(..QuoteJS(kazuC))#;>
&javascript< self.document.form.kotae.value=#(..QuoteJS(kotae))#;>
QUIT 1
</script>
```

図 3.8.1-2　keisaki6.csp の画面例

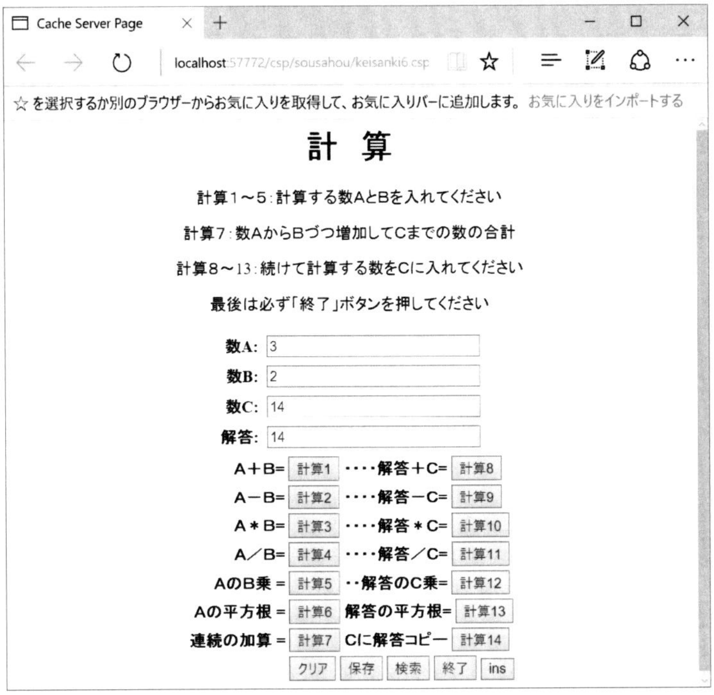

3.8.2　CとKのデータを逆転させる

「計算15」とします。「計算14」に並べて「計算15」を挿入します。

コード 3.8.2-1　ボタンの追加　ルーチン keisabki7.csp

```
<b>CK逆転</b>

<input type='button' name='btnKei15' value=計算15
onClick=#server(..COSkeisan15(self.document.form.kazuA.value,
self.document.form.kazuB.value,self.document.form.kazuC.value,
self.document.form.kotae.value))#;>

</td>

</tr>
```

コード 3.8.2-2　メソッドの追加　ルーチン keisabki7.csp

```
<script language=CACHE method="COSkeisan15" arguments=
"kazuA:%Library.String,kazuB:%Library.String,kazuC:%Library.String,
shiki:%Library.String,kotae:%Library.String" returntype="%Boolean">

set A=kazuA

set B=kazuB

set C=kazuC
```

第3章　数値計算 — Web計算機を作ろう　123

```
set K=kotae
set kazuC=K
set kotae=C
do %session.Set("kotae",kotae)
do %session.Set("kazuC",kazuC)
&javascript< self.document.form.kazuA.value=#(..QuoteJS(kazuA))#;>
&javascript< self.document.form.kazuB.value=#(..QuoteJS(kazuB))#;>
&javascript< self.document.form.kazuC.value=#(..QuoteJS(kazuC))#;>
&javascript< self.document.form.kotae.value=#(..QuoteJS(kotae))#;>
QUIT 1
</script>
```

図 3.8.2-1　keisanki6.csp の画面例

以下同様にして、AK 逆転、BK 逆転を作成します。

ルーチン名を keisanki7.csp として保存しましょう。

3.8.3　円周率を表示する

円周率を表示させるボタンを作りましょう。円周率は $ZPI です。

```
set kotae=$ZPI
```

ルーチン名は、keisanki7.cspをコピーしてkeisanki8.cspで作成しましょう。

3.9　計算過程の保存と表示

　Web計算機が完成しましたら、テストのデータを入力し、間違った計算結果が出ないかどうかを確認してみましょう。箱A、B、Cにデータを入れたり消したりしていると、何の計算をしたのかわからなくなってきます。計算過程を保存しておきたいですね。

　フォーム画面に「保存」と「検索」ボタンがあります。ウェブフォームウィザードで付いてきたものです。

　「クリア」ボタンはそのまま使えそうです。

　計算するごとに「保存」ボタンを押して、計算終了後、管理ポータルを開いて、保存されているかどうかを確認しましょう。

　あれ？　「終了」ボタンを押したときの直前の計算式のみ保存されているようです。確かでありません。たまたま、ターミナルでCaché ObjectScriptのデータ保存の練習をしました。

```
set ^A=A
```

　これは確かに保存されています。

　それでは、クラスに正式にデータを保存できる方法で保存しましょう。それから、A、B、C、kotaeのデータは保存されているのですが、何の計算をしたのかがわかりにくいですね。

　計算時にどのボタンを押したのか、表示できるようにしましょう。

3.9.1　プロパティshikiの追加

　計算式を表示するプロパティ、shikiを追加しましょう。数Aの入力フォームの下に、数Aのフォームをコピーして作成します。keisanki8.cspをコピーして、ルーチン名をkeisanki9.cspにしましょう。

3.9.2　クラスに保存する方法（%New,　%Save,　%Close）

　クラスにデータを保存する方法は、「第2章2.3」で練習しました。以下のコードを使用します。

```
<form name='form'>
<script language=CACHE runat=server>
set q=##class(sousa.keisan).%New()
set q.kazuA=xkazuA
set ss=q.%Save()
set sc=q.%Close()
</script>
```

第3章　数値計算 ― Web計算機を作ろう　　125

```
</form>
```

このコードは、＜form＞ ～ ＜/form＞の中にあります。すなわちHTMLのサーバの中にあります。それで、同じscriptですが、サーバ上で動いているという意味で、

```
runat=server>
```

が付いています。

ボタンのメソッドは、＜form＞ ～ ＜/form＞の外側にありました。

このように、CACHE scriptには、サーバの中にあるものと、外にあるものとがあります。

3.9.3 %sessionからデータを取得する

さて、保存するデータ、すなわち入力フォームに入っているデータそのものは、どこから引っ張ってくるのでしょうか？ 計算のときに使用したメソッドには引数①というものがありました。今回はそのようなものはありませんから、これまで何回も出てきている%sessionを使用します。

%sessionはセッションごとに一時的にデータを保存できます。インスペクタで確認できます。計算するために、メソッドに引き継がれたデータ（引数①）は受け取った時点ですぐに%sessionに保存しておきます。そのデータ（引数①）を用いて計算した結果は、最後に引数②として%sessionに保存されます。メソッドが終了し、次の計算を開始します。受け取った引数①は、その前の計算結果です。

計算後、保存された引数②は計算結果そのものであり、次の保存ボタンが押されないかぎり引数①として出てこない、ということに気を付けておきましょう。計算結果を保存するルーチンは新規に作成します。

コード3.9.3-1　保存　ルーチンhozon1.csp

```
<html>
<head>
<title> Cache Server Page </title>
</head>
<body>
<h1 align=CENTER>計算結果登録</h1>
<form name='form'>
<script language=CACHE runat=server>
set xkazuA=%session.Get("kazuA")
set xkazuB=%session.Get("kazuB")
set xkazuC=%session.Get("kazuC")
```

126　第3章　数値計算 — Web計算機を作ろう

```
set xkotae=%session.Get("kotae")
set xshiki=%session.Get("shiki")
set ^kazAA=xkazuA
set ^kazCC=xkazuC
new q
set q=##class(sousa.keisan).%New()
set q.kazuA=xkazuA
set q.kazuB=xkazuB
set q.kazuC=xkazuC
set q.kotae=xkotae
set q.shiki=xshiki
set ss=q.%Save()
set sc=q.%Close()
if ss=1
{
w !!,"登録完了しました"
}
else
{
w !!,"登録できませんでした"
}
</script>
<center>
<table><tr>
<input type='button' name='btnBack' value=戻る
onClick=#server(..COSback())#;>
</tr></table>
</center>
</form>
<script language=CACHE method="COSback" arguments=""
returntype="%Boolean">
&javascript< self.document.location="keisanki9.csp";>
QUIT 1
</script>
```

第3章　数値計算 — Web 計算機を作ろう　127

```
</body>
</html>
```

hozon1.cspという名前で保存しましょう。

3.9.4 計算過程の保存と表示

ルーチンkeisanki9.cspにもともとあった「保存」と「検索」ボタンは削除して、新たに「計算過程保存」のボタンを新設します。「計算過程保存」のボタンを押すと、hozon1.cspが開き、フォーム画面にあるデータを保存します。「戻る」ボタンを押すと元のkeisanki9.cspに戻ります。
実行してみてください。

あれっ！　保存して、元のkeisanki9.cspの画面に戻ったとき、データは消えてしまっています。これでは、続けて計算ができませんので、「表示」ボタンを作り、「計算過程保存」を押す前のデータがそのまま表示されるようにしましょう。

keisanki9.cspに「計算過程保存」と「表示」ボタンを作ります。

```
<input type='button' name='btnS' value=:計算過程保存
onClick=self.document.location="hozon1.csp";>

<input type='button' name='btnH' value=表示
onClick=#server(..COSh)#;>
```

ついでに、計算式shikiを表示するためのフォームを作ります。

```
<tr>
<td><b><div align='right'>数A:</div></b></td>
<td><input type='text' name='kazuA' cspbind='kazuA' size='30'>
<td><b><div align='right'>式:</div></b></td>
<td><input type='text' name='shiki' cspbind='shiki' size='6'></td>
</tr>
```

Web画面へのデータの表示は、入力フォームではなく、Web画面に直接記入することも可能です。計算式だけでなく、各々のフォームにも入力した数字を再表示しましょう。

keisanki9.cspに次のコードを挿入します。

コード3.9.4-1　メソッドCOSh挿入　ルーチンkeisanki9.csp

```
</form>
<script language=CACHE method="COSh" arguments=""
returntype="%Boolean">
set kazuA=%session.Get("kazuA")
```

128　第3章　数値計算 ― Web計算機を作ろう

```
set kazuB=%session.Get("kazuB")
set kazuC=%session.Get("kazuC")
set kotae=%session.Get("kotae")
set shiki=%session.Get("shiki")
&javascript< self.document.form.kazuA.value=#(..QuoteJS(kazuA))#;>
&javascript< self.document.form.kazuB.value=#(..QuoteJS(kazuB))#;>
&javascript< self.document.form.kazuC.value=#(..QuoteJS(kazuC))#;>
&javascript< self.document.form.kotae.value=#(..QuoteJS(kotae))#;>
&javascript< self.document.form.shiki.value=#(..QuoteJS(shiki))#;>
QUIT 1
</script>
```

3.9.5　画面のデザインを考える

これでWeb計算機は、ほぼ完成です。全体のデザインはどうでしょうか?

ボタンの画面はA＋B＝「計算1」としていました。開発段階では、A＋B＝の計算は、ボタンが「計算1」、すなわちmethodがkeisan1であることが明示されています。ルーチンのコードを変更したり、コピーしたりするのに、非常にわかりやすかったのです。

しかし、ルーチンが完成すると、現実の利便性も考えなければなりません。スマートフォンで使用する場合のことも考えると、画面の幅も縮小した方がよいかもしれません。そこで、ボタンの中に計算式を入れてみるとどうでしょうか?　画面の幅が狭くなるように、同時にわかりやすいように、ボタンの並べ方も調整しましょう。行間も詰めましょう。背景に色を付けたりすると綺麗ですね。

タイトルを少し変更し、説明文の行間を詰めるために下記のように変更しました。

幅を狭くするためにボタンは計算式で表示します。ルーチン名をkeisanki.cspとして保存しましょう。

コード 3.9.5-1　ルーチン keisanki.csp のタイトル
```
<title>Cache Server Page - sousa.keisan (SOUSAHOU)</title>
</head>
<h1 align='center'>Web計算機 ． ． ． ． ．</h1>
<div style="text-align:center">計算する数AとBを入れてください</div>
<div style="text-align:center">続けて計算する数をCに入れてください</div>
<div style="text-align:center">連続加算：数AからBずつ増加してCまでの数の合
計</div>
<div style="text-align:center">最後は必ず「終了」ボタンを押してください</div>
```

第3章　数値計算 ― Web計算機を作ろう　｜　129

Web計算機の最終画面です。「第6章」で解説するメニューに戻れるように「戻る」ボタンを追加しています。Web計算機単独で使用する場合は「戻る」ボタンは不要です。

図3.9.5-1　Web計算機の最終画面

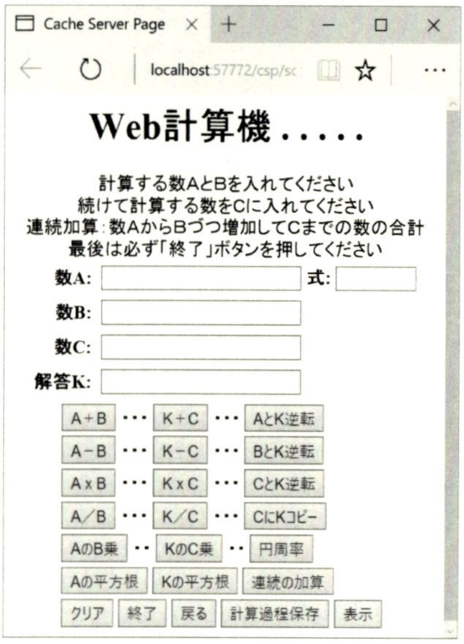

3.10　Web計算機を検証する

3.10.1　新生児の出生時体重の度数分布表から平均値と標準偏差を計算する

下記の表は、新生児の出生時体重（男）の度数分布表です。この度数分布表より新生児の出生時体重の平均値と標準偏差を計算してみましょう。

この度数分布表を見ますと、度数の合計は847人です。すなわち例数Nは847人という、ことです。847人中で最も多い階級は396人、階級の幅は3000g〜3499gで、1つの幅iは500gです。

仮の平均値＝（3000＋3499）／2＝3249.5g

仮の偏差の合計Σfd' = -25

仮の偏差の二乗の合計Σfd'd' = 765になります。

表　新生児出生時体重（男）の度数分布表

出生時体重(g)	度数 f	仮の偏差 d	fd	fdd
500〜 999	1	− 5	− 5	25
1000〜1499	2	− 4	− 8	32
1500〜1999	7	− 3	− 21	63
2000〜2499	30	− 2	− 60	120
2500〜2999	189	− 1	− 189	189
3000〜3499	396	0	0	0

3500〜3999	189	1	189	189
4000〜4499	30	2	60	120
4500〜4999	3	3	9	27
計	847		− 25	765

これらの数値を用いて、以下のように計算します。

$$\overline{x} = 3249.5g + \frac{(-25)}{847} \times 500g = 3234.74g$$

$$SD = 500g \times \sqrt{\frac{765}{847} - \left(\frac{-25}{847}\right)^2} = 474.95g$$

$$\overline{x} \pm SD = 3234.74 \pm 474.95g$$

　　平均値 = 3234.74g

　　標準偏差 = 474.95g

という計算結果が出ています（※）。

※ 「看護統計学への招待」緒方　昭, 山本和子, 西川美紀, 金芳堂, 1984 より引用

　計算機が発達していなかった時代には、度数分布表から平均値、標準偏差を計算していたのですね。これなら、電卓で計算できます。

　今、作成したばかりのWeb計算機で、どのようにすれば計算できるか試してください。

3.10.2　Web計算機での計算方法

平均値の計算

・仮の平均値 = (3000 + 3499)/2 = 3249.5gを計算します。

1.　A = 3000，B = 3499とします。数Aに3000、数Bに3499を入力して「A＋B」のボタンを押してください。答えは解答Kに入ります。「計算過程保存」ボタンを押します。

2.　C = 2とします。数Cに2を入力して「K／C」のボタンを押します。答えは解答Kに入ります。「計算過程保存」ボタンを押します。

次に「CにKコピー」のボタンを押してください。解答Kの値をCにコピーして一時避難させます。「計算過程保存」ボタンを押します。

これで仮の平均値が計算されました。

・次は、((-25)/847)x500の計算です

3.　A = -25，B = 847とします。数Aに-25、数Bに847を入力して「A／B」のボタンを押します。答えは解答Kに入ります。「計算過程保存」ボタンを押します。

次に「AとK逆転」のボタンを押します。解答Kの値は数Aに移ります。（AK逆転）

「計算過程保存」ボタンを押します。

4.　B = 500とします。数Bに500を入力して「AxB」のボタンを押します。答えは解答Kに入ります。「計算過程保存」ボタンを押します。

5.　「K + C」のボタンを押します。答えは解答Kに入ります。

　「計算過程保存」ボタンを押します。

以上で平均値が計算されました。

新生児体重の平均値の計算結果は図3.10.2-1です。

標準偏差の計算

1.　A = 765，B = 847と入力して「A／B」のボタンを押します。答えは解答Kに入ります。「計算過程保存」ボタンを押します。

次に、「CにKコピー」のボタンを押します。解答Kの値を数Cにコピーします。

「計算過程保存」ボタンを押します。

2.　A = -25，B = 847と入力して「A／B」のボタンを押します。答えは解答Kに入ります。「計算過程保存」ボタンを押します。

次に「AとK逆転」のボタンを押します。解答Kの値を数Aに移します。（AK逆転）

「計算過程保存」ボタンを押します。

3.　B = 2にと入力して「AのB乗」のボタンを押します。答えは解答Kに入ります。

「計算過程保存」ボタンを押します。

次に「CとK逆転」のボタンを押します。答えは数Cに入ります。（KC逆転）

「計算過程保存」ボタンを押します。

4.　次に「K − C」のボタンを押します。答えは解答Kに入ります。

「計算過程保存」ボタンを押します。

5.　次に「Kの平方根」のボタンを押します。答えは解答Kに入ります。

「計算過程保存」ボタンを押します。

次に「AとK逆転」のボタンを押します。答えは数Aに入ります。（AK逆転）。

「計算過程保存」ボタンを押します。

6.　B = 500と入力して「A * B」のボタンを押します。答えは解答Kに入ります。

「計算過程保存」ボタンを押します。

これが標準偏差です。

計算して確認してください。新生児体重の標準偏差の計算結果は図3.10.2-2です。

図3.10.2-1　新生児体重の度数分布表から計算した平均値の計算結果

図3.10.2-2　新生児体重の度数分布表から計算した標準偏差の計算結果

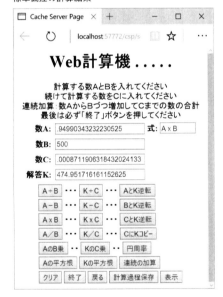

3.10.3　管理ポータルより平均値と標準偏差の計算過程の参照

　平均値と標準偏差の計算過程は管理ポータルのSQLから参照できます（図3.10.3-1～図3.10.3-2）。

図 3.10.3-1　管理ポータルの SQL より平均値計算過程参照画面例

図 3.10.3-2　管理ポータルの SQL より標準偏差計算過程参照画面例

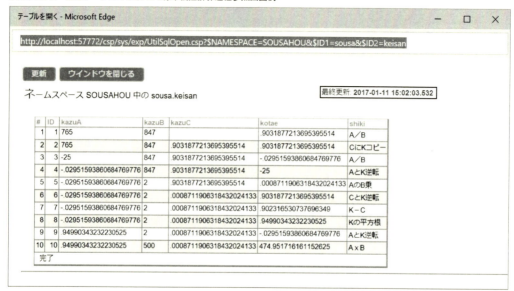

3.10.4　計算過程を CSV ファイルにエクスポートする

管理ポータルにあるデータベースを CSV ファイルに取り出すことができます。

1. 管理ポータルから SQL を選択する。
2. ネームスペースを SOUSAHOU に変更する。
3. 「ウィザード」→「データ・エクスポート」を選択する（図 3.10.4-1～図 3.10.4-6）。

図3.10.4-1　2. ウィザードよりデータ・エクスポート選択画面

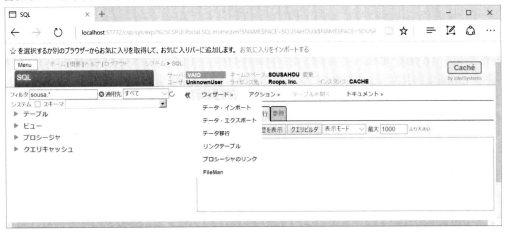

図3.10.4-2　3. ネームスペース，スキーマ，テーブル選択画面（Cドライブに保存する例）

第3章　数値計算 — Web計算機を作ろう　135

図3.10.4-3　4. プロパティ選択画面

図3.10.4-4　5. データ形式選択画面

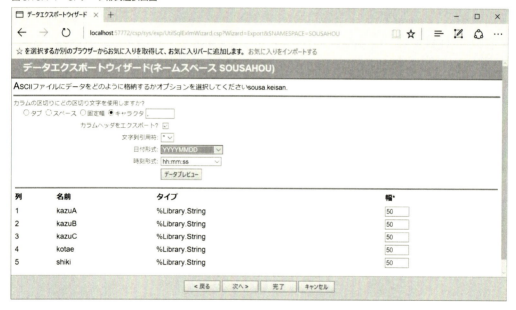

図3.10.4-5　6. 確認画面

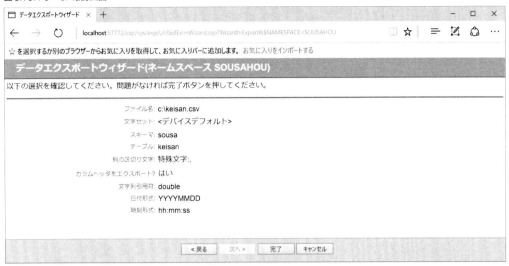

図3-10.4-6　7. エクスポートしたCSVファイルの内容

本章のまとめ

　第3章では、Cachéで計算する方法について説明しています。文字列の計算や連続した加算の方法など、特殊なものもあります。

・四則演算は、足し算「+」、引き算「-」、掛け算「*」、割り算「/」で、指数演算子「**」（AのB乗）です。Aの平方根は $ZSQR(A)です。

・文字列の計算（3.6）、AからBずつCまで連続の加算（3.7）、円周率（3.8.3）などの計算もあります。

・計算の桁数は、19桁（3.7.5）です。

・式の書き方が正しいか、ターミナルで検算することができます。

・ボタンとメソッドの関係をよく覚えておいてください。HTMLのフォームに数字を入力して計算ボタンを押せば、ボタンからメソッドに引数として入力した数字が渡されます（3.3）。メソッド側では、その数字を受け取って計算します。計算結果はフォームに返します。

・%sessionにローカル変数としてデータを保存できます。

・インスペクタ(3.3)はデバッグに用いることができます。

第4章　統計解析 — データを集計しよう

【学習目標】

　複雑な計算と結果の表示や印刷方法、肥満度の計算、最大・最小値と平均値・標準偏差の計算、度数分布表の作成について学ぶ。

4.1　肥満度の計算

4.1.1　クラス計測値に肥満度とコメントのプロパティを追加する

　クラス sousa.keisoku に、肥満度のプロパティの thiman、肥満コメントのプロパティ thimanc を追加しましょう。

4.1.2　身長・体重計測値のフォームに肥満度を追加する

　第2章で作成したルーチン sokutei3.csp を sokutei4.csp にコピーして、

① 身長・体重の計測値のフォームに肥満度と肥満コメントを追加します。

② 「肥満度計算」のボタンを付けます。

③ まだ作成していませんが、「平均値計算」と「度数分布表」のボタンも名前だけ付けておきましょう。

　「表示」→「ブラウザで表示」を選択してみてください。図4.1.2-1になるように、フォームの形を整えます。成功したら sokutei4.csp で保存します。

図 4.1.2-1　肥満度を追加した画面例

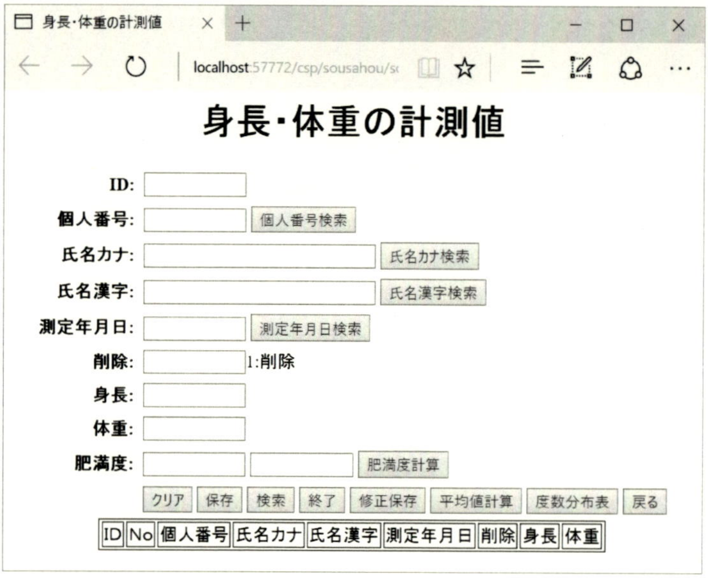

　sokutei4.cspに追加されたものは、肥満度です。プロパティは、肥満度がthiman、コメントがthimancです。さらに肥満度計算のボタンも追加されています。メソッドはCOSkeiHimanです。

コード 4.1.2-1　肥満度のボタン追加　ルーチン sokutei4.csp

```
<tr>
<td><b><div align='right'>肥満度:</div></b></td>
<td><input type='text' name='thiman' cspbind='thiman' size='10'>
<input type='text' name='thimanc' cspbind='thimanc' size='10'>
<input type ="button" name=btnHiman" value="肥満度計算"
onClick=#server(..COSkeiHiman(self.document.form.shincho.value,
self.document.form.taiju.value))#;>
</td>
</tr>
```

4.1.3　肥満度の計算

　肥満度の計算式は、BMI = 体重(kg) ／（身長(m) ＊ 身長(m)） です。
　肥満度の判定を、下記の表のようにします。

140　　第4章　統計解析 ― データを集計しよう

肥満度の判定

BMI	肥満度
〜18.5 未満	低体重
18.5〜25 未満	ふつう
25〜30 未満	肥満 1 度
30〜35 未満	肥満 2 度
35〜40 未満	肥満 3 度
40〜	肥満 4 度

　図4.1.2-1では「肥満度計算」のボタンが追加されています。

　「検索」ボタンを押すと身長、体重が測定されている人を検索して図4.1.2-1のような画面に表示し、「肥満度計算」のボタンを押すと肥満度が表示され、肥満の程度がコメントに表示されるようにしましょう。

　メソッドはCOSkeiHiman、引数は身長shinchoと体重taijuです。

① 身長と体重のデータが存在すれば（nullでないなら）肥満度を計算します。

② 肥満の程度を判定します（コメント）。

③ フォームに①と②を表示します。

コード4.1.2-2　肥満度計算メソッドの追加　ルーチンsokutei4.csp

```
<script language=CACHE method="COSkeiHiman" arguments=
"shincho:%Library.String,taiju:%Library.String"
returntype="%Boolean">
do %session.Set("SHIN",shincho)
do %session.Set("TAI",taiju)
set xa01=shincho
set xa02=taiju
set xa03=0
set xstop=0
if (xa01'="") & (xa02'="")  ①
{
set xa013=xa01/100
set xa03=xa02/(xa013*xa013)
set xa03=$E(xa03,1,6)
if xa03<18.5  ②
{
set xa04="低体重"
set xstop=1
```

第4章　統計解析 ― データを集計しよう　| 141

```
}
if xa03<25
{
set xa04="ふつう"
set xstop=1
}
if xa03<30
{
set xa04="肥満1度"
set xstop=1
}
if xa03<35
{
set xa04="肥満2度"
set xstop=1
}
if xa03<40
{
set xa04="肥満3度"
set xstop=1
}
else
{
set xa04="肥満4度"
set xstop=1
}
}
&javascript<
self.document.form.thiman.value=#(..QuoteJS(xa03))#;>   ③
&javascript< self.document.form.thimanc.value=#(..QuoteJS(xa04))#;>
QUIT 1
</script>
```

図 4.1.3-1　肥満度の計算例

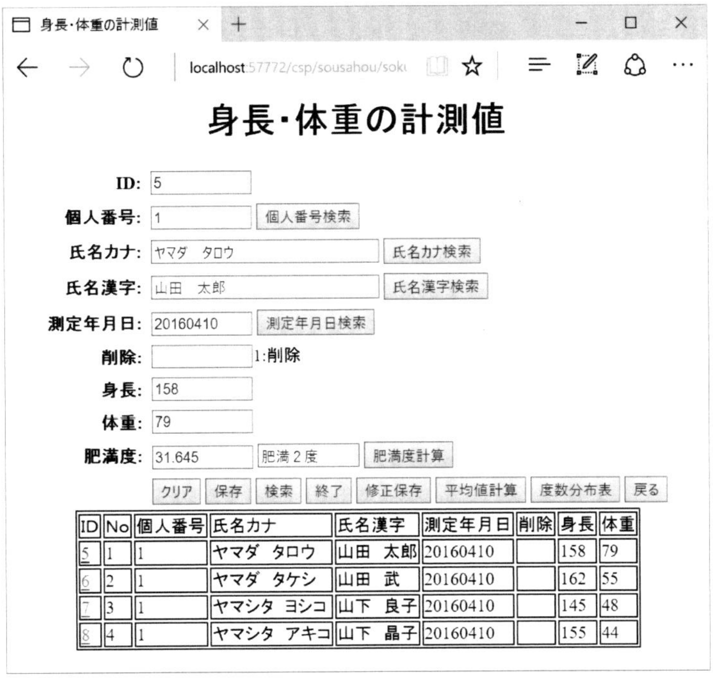

　図4.1.3-1では、氏名カナの入力フォームに「ヤマ」を入力して「氏名カナ検索」ボタンを押し、計測データベースを検索しています。その結果、「ヤマ」の付く名前の人4名が画面の下段に表示されています。

　IDの列にあるsys-ID＝5を選択すると、「山田　太郎」さんのデータがフォームに表示されます。そこで「肥満度計算」ボタンを押すと、肥満度の計算結果32.645が表示され、同時に、コメントに肥満2度という結果が表示されます。

4.2　修正保存の方法

4.2.1　修正保存の方法

　第2章で説明したフォームウィザードを使ったときに自動的に作成される「保存」と「検索」とは別の、新規保存方法と修正保存方法をもう一度整理しましょう。

A.　フォームウィザードでフォームを作成した場合

　フォームウィザードの保存は新規保存です。新規保存とは、データベースに新しいデータを追加して保存されていくことです。

　a) フォームにsys-IDが無ければ、すべて新規保存になります

　b) 「検索」ボタンを押して修正したいデータを見つけたときは、sys-IDが表示されているので、「保存」ボタンを押せば、sys-IDを持つデータを修正保存します。

第4章　統計解析 — データを集計しよう　143

B. %sessionを使用して新規登録する場合

「新規登録」のボタンを押したときは、引数にフォームのデータがすべてメソッドに渡されて、メソッドで%sessionにデータが保存されます。その後、保存用のルーチンに飛ぶので、そこで%sessionのデータを読んで新規に保存することができます。

ただし、sys-IDがわかりませんから、この方法では修正保存はできません。

C. %requestを使用する場合

この場合は、%requestでsys-IDを入手できます。修正保存は可能です。新規保存も可能です。

以上、3通りの方法があります。

これらの中で、「C. %requestを使用する場合」のコードの書き方を説明します。この場合は、保存ルーチンの内容次第で「新規保存」または「修正保存」が可能です。

新規保存をするには、%requestでデータの値を取得します。そして、%Newで新規保存できます。

修正保存をするには、%requestでデータの値を取得すると同時に、sys-IDを取得します。そして、%OpenIdで修正保存できます。

・新規保存するには

<form>でactionに保存するルーチンsokhozonnew.cspを指定します。

```
<form name='form' action="sokhozonnew.csp" cspbind='objForm'
cspjs='All' onsubmit='return form_validate();'>
```

次に、<input type=submitとします。ボタンではありませんが、ボタンの形をしていますから、注意してください。次の行先はルーチンsokhozonnew.cspです。

```
<input type="submit" name="subSave" value="新規保存">
```

・修正保存するには

<form>でactionに保存するルーチンsokhozonre.cspを指定します。

```
<form name='form' action="sokhozonre.csp" cspbind='objForm'
cspjs='All' onsubmit='return form_validate();'>
```

次に、<input type=submitとします。ボタンではありませんが、ボタンの形をしていますから、注意してください。次の行先はルーチンsokhozonre.cspです。

```
<input type="submit" name="subSave" value="修正保存">
```

この章では、データベースから身長と体重データを探し出し、肥満度を計算して元のデータベースに戻すのですから、「C. %requestを使用する場合」を使用します。

データベースに肥満度が入っていなくても、必要時に計算すればよいのですから、それほど

144 | 第4章 統計解析 — データを集計しよう

必要性はありません。後で取り出すときに、肥満度を計算していたら時間がかかるような場合は、事前に再登録しておきます。

4.3　クエリを用いた必要なデータの抽出

4.3.1　計測値（身長・体重）データベースから必要なデータを抽出する

第2章で作成した計測値（身長・体重）データベースのデータを読み、平均値等を計算しましょう。

「2.6　データの印刷」で説明した方法では、データベースのすべてのデータを、クエリ QNUM を使って登録順に読んでいきました。同じ方法を用います。まず外枠を作ります。タイトルは「身長・体重・肥満度の最大・最小・平均値」です。

コード 4.3.1-1　平均値等計算の外枠　ルーチン sokuteim1.csp

```
<HTML>
<HEAD>
<TITLE>身長・体重・肥満度の最大・最小・平均値 </TITLE>
</HEAD>
<BODY>
<h1 align=CENTER>身長・体重・肥満度の最大・最小・平均値</h1>
<form name="form">
<script language=CACHE runat=server>
set xban=0
set xj=0
set xja1=0
new qq
set qq=##class(%Library.ResultSet).%New("sousa.keisoku:QNUM")
do qq.Execute(xban)
while qq.Next()
{
set xid=qq.Get("ID")
set xa01=qq.Get("shincho")
}
set sc=qq.%Close()
</script>
<center>
```

第4章　統計解析 — データを集計しよう　145

```
<p></p>
<table><tr><td>
<input type='button' name='btnEnd' value=終了
onClick=#server(..COSendSession())#;>
<input type="button" name="btnBack" value="戻る"
onClick=#server(..COSback())#;>
</td></tr></table>
</center>
</form>
<script language=CACHE method="COSback" arguments=""
returntype="%Boolean">
&javascript< self.document.location="sokutei4.CSP"; >
QUIT 1
</script>
<script language=CACHE method="COSendSession" arguments=""
returntype="%Boolean">
set %session.EndSession=1
QUIT 1
</script>
</BODY>
</HTML>
```

4.4 最大・最小値と平均値、標準偏差の計算

4.4.1 身長150cm以上の人は何人いるのか、計算してみましょう

最大・最小値を求める方法を考える前に、「身長150cm以上の人は何人いるか？」を求める方法を考えましょう。

クエリQNUMで読んだ身長はxa01の箱に入っています（コード4.3.1-1）。それ以外に身長＞150の人を入れる箱Nと全員を入れる箱NNの2つの箱を用意します。

① N=0とします。身長150cm以上人の人数を入れる箱です。

② NN=0とします。データベースにあるすべての人の人数を入れる箱です。

③ 1人読むごとにNNに1を加えていきます。

④ 身長が150cm以上であれば、Nに1を加えます。

4.3.1で説明した外枠に次のコードを挿入します。

146 | 第4章 統計解析 — データを集計しよう

コード 4.4.1-1　最大・最小値の検索例　ルーチン sokuteim1.csp

```
set N=0  ①
set NN=0  ②
new qq
set qq=##class(%Library.ResultSet).%New("sousa.keisoku:QNUM")
do qq.Execute(xban)
while qq.Next()
{
set xid=qq.Get("ID")
set xa01=qq.Get("shincho")
set NN=NN+1  ③
if xa01'=""
{
if xa01>150
{
set N=N+1  ④
}
}
}
set sc=qq.%Close()
```

4.4.2　身長の最大値・最小値の計算

　身長の最大値・最小値を求める場合も同様にします。

　コード4.4.1-1で説明した外枠には、クエリQNUMで読んだ身長が入っているxa01という箱があります。それ以外にN、H、MAX、MINの箱を用意します。

　はじめに、

① N=0とします。身長の例数です。

② NN=0とします。総データ数です。

③ H=A01のHに身長を入れます。

④ MAX=0とします。最大値を入れる箱は最初0にしておきます。

⑤ MIN=999とします。最小値を入れる箱は最初最も大きい身長値を入れておきます。

　最初の身長1 = 153cm、次の身長2 = 166cmであったとします。

⑥ ［最大値］を求めます。

　比較すると、

第4章　統計解析 — データを集計しよう　147

H=身長1>MAX=0

となるので、

MAX=身長1

になります。MAXの箱に大きい方の値が入ります。

　次の身長を読みます。

　比較すると、

H=身長2>MAX=身長1

となるので、

MAX=身長2

が入ります。

⑦　［最小値］を求めます。

　比較すると、

H=身長1<MIN=999

となるので、

MIN=身長1

が入ります。

　次の身長を読みます。

　比較すると、

H=身長2<MIN=身長1

となるので、

MIN=身長1

のままです。

　4.4.1で説明した外枠に次のコードを挿入します。

コード4.4.2-1　最大・最小値の計算　ルーチンsokuteim1.csp

```
set N=0  ①
set NN=0  ②
set MAX=0  ④
set MIN=999  ⑤

set NN=NN+1  ②
if xa01'=""
{
set H=xa01  ③
set N=N+1  ①
if H>MAX  ⑥
```

148　第4章　統計解析 ― データを集計しよう

```
{
set MAX=H
}
if H<MIN ⑦
{
set MIN=H
}
}
```

　コードは長くなりますね。if命令、set命令などは頭文字で可能です。頭文字にして横に並べれば、以下の様になります。

```
S N=0,MAX=0,MIN=999
S NN=NN+1
I xa01'="" S N=N+1,H=xa01 S:H>MAX MAX=H S:H<MIN MIN=H
```

4.4.3　身長の平均値・標準偏差の計算

　平均値や標準偏差の計算は、例数を入れる箱Nと、平均値を加えていく箱Mと、平均値の2乗を加えていく箱MMを用意します。

　はじめに、

① N=0にします。例数を入れる箱です。順次Nに1を加えていきます。

N=N+1

② M=0にします。身長の合計を入れる箱です。順次Mに身長を加えます。

M=M+身長

③ MM=0にします。身長の2乗を入れる箱です。順次MMに身長の2乗を加えます。

MM=MM+身長*身長

　最後に、

④ Nは例数になります。

⑤ Mは身長の合計です。Mを例数で割り、平均値を計算します。平均値＝M/Nです。

⑥ 分散を計算します。

分散MB=(MM/N) − (M*M)

⑦ 標準偏差は分散MBの平方根です。平方根計算の関数は\$ZSQRです（第3章を参照）。計算結果は19桁で表示されます。

⑧ 小数点以下を3桁までにしたい場合は、M = \$FNUMBER(M,"",3)を使用します。

第4章　統計解析 ― データを集計しよう　149

コード4.4.3-1　平均値・標準偏差の計算　ルーチンsokuteim1.csp

```
if xa01'=""
{
set N=N+1       ①
set M=M+xa01    ②
set MM=MM+xa01*xa01)  ③
}
set sc=qq.%Close()
set M=M/N       ⑤
set MB=(MM/N)-M*M  ⑥
set $ZSQR(MB)   ⑦
```

4.4.4　身長、体重、肥満度の最大・最小値、平均値・標準偏差の表示

　HTML画面に表形式で数値を表示する方法は、#(xma1)#です（第2章を参照）。以上をひとまとめにしましょう。ルーチン名はsokuteim1.cspで保存します。図4.4.4-1のように表示されましたか？

図4.4.4-1　身長・体重・肥満度の最大・最小・平均値

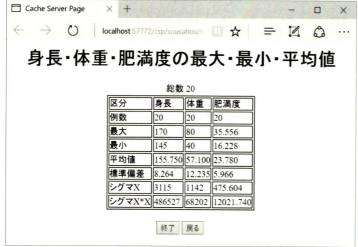

4.4.5　身長、体重、肥満度の最大・最小値、平均値・標準偏差の印刷

　身長、体重、肥満度の最大・最小値、平均値・標準偏差を印刷しましょう。ルーチンsokutei4.cspに肥満度を追加した時点で、「平均値計算」というボタンを付けていました（図4.1.2-1）。このボタンをなくして、表示と印刷の2つのボタンに分けましょう。ボタンが多くなりますので、

フォームとボタンの間に</table><table>を追加して横幅のバランスをとります。

ルーチンsokutei4.cspに表示と印刷のボタンを付けます。図4.4.5-1です。

「平均値計算表示」ボタンが、sokuteim1.cspです。これまでどおり、計算結果を画面表示します。

「平均値計算印刷」ボタンが、sokuteim2.cspです。結果をcsvファイルにして印刷します。

図4.4.5-1　身長・体重の計測値の平均値計算印刷ボタン追加

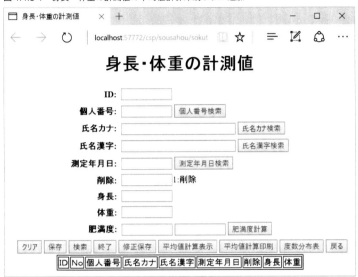

コード4.4.5-1　計算結果の表示　ルーチンsokuteim2.csp
```
set file="C:\KEISOKUCHI\Mean"_xdat_".csv"
set oldIO=$IO
Open file:("NSW")
Use file w "計測値の平均値　出力日：",xdat,!
Use file w "区分,身長,体重,肥満度",!
Use file w "例数,",xja1,",",xja2,",",xja3,!
Use file w "最大,",xmaxa1,",",xmaxa2,",",xmaxa3,!
Use file w "最小,",xmina1,",",xmina2,",",xmina3,!
Use file w "平均値,",xma1,",",xma2,",",xma3,!
Use file w "標準偏差,",xmas1,",",xmas2,",",xmas3,!
Use file w "シグマX,",xka1,",",xka2,",",xka3,!
Use file w "シグマX*X,",xkaa1,",",xkaa2,",",xkaa3,!
Close file
Use oldIO w " 印刷しました。",!
```

印刷終了後、印刷終了のメッセージが表示されます（図4.4.5-2）。「戻る」ボタンで、ルーチンsokutei4.cspに戻ります。

図4.4.5-2 印刷終了のメッセージ

表4.4.5-3 身長・体重・肥満度の最大・最小・平均値の印刷（計測値の平均値　出力日：20170125）

区分	身長	体重	肥満度
例数	20	20	20
最大	170	80	35.556
最小	145	40	16.228
平均値	155.75	57.1	23.78
標準偏差	8.264	12.235	5.966
シグマ X	3115	1142	475.604
シグマ X*X	486527	68202	12021.74

4.5　度数分布表の作成と印刷

4.5.1　身長度数分布表の作成

身長度数分布表を作成する場合、事前に最大値、最小値を調べておきます。

4.4で設定した身長データベースの最大値は181cm、最小値は139cmでしたから、身長度数分布表の階級分けは130から180まで、階級の幅を10cmとします。

① 以下の表のように130から180までの6個の箱を作り、箱の中を0にしておきます。

身長の度数分け

身長の度数分け	箱の名称と初期値
130　～　139cm 未満	FJ01(130)=0
140　～　149cm 未満	FJ01(140)=0
150　～　159cm 未満	FJ01(150)=0
160　～　169cm 未満	FJ01(160)=0
170　～　179cm 未満	FJ01(170)=0
180　～　189cm 未満	FJ01(180)=0

身長の分布図は起点が0cmから始まっています。したがって、度数も必ず0から始まります。For命令で箱をすべて0にします。

```
set xban=0
set xj=0
F J=130:10:180 S FJ01(J)=0  ①
```

② 身長データベースを登録順に読んでいきます。

```
new qq
set qq=##class(%Library.ResultSet).%New("sousa.keisoku:QNUM")
do qq.Execute(xban)  ②
while qq.Next()
{
set xid=qq.Get("ID")
set xb01=qq.Get("shincho")
set xj=xj+1
if xb01'=""
{
S N=0 F J=130:10:180 Q:N="" D
.I xb01<J S II=J-10,FJ01(II)=FJ01(II)+1,N=""  ③
.Q
}
}
set sc=qq.%Close()
```

身長データベースを登録順に読み、今回は身長をxb01の箱に入れています。

③ 身長の値に該当する度数分布の箱に1を加えていきます。

すなわち、初期値N=0として、For命令でJの値をJ=130から10ずつ増加させます。

④ 身長xb01<Jになったとき、もう1つ前の箱に1を加えて、N=""として終了します。

```
S N=0 F J=130:10:180 Q:N="" D
.I xb01<J S II=J-10,FJ01(II)=FJ01(II)+1,N=""  ④
.Q
```

ルーチン名は、sokuteid.csvとしましょう。

第4章　統計解析 — データを集計しよう　153

4.5.2　身長・体重度数分布表の印刷

　度数分布の箱FJ01に入っているデータを印刷します。はじめに、Cドライブの直下に KEISOKUCHIというフォルダを作っておきます。そこに、度数分布表をCSVファイル形式 で書き出します。

① ファイル名をDOS＿出力日とします。

② 現行のCSPページを一時避難させます。

③ ファイルを開きます。

　Open

④ タイトルを書きます。

　Write

⑤ 度数分布表FJ01を縦書きします。

　Write

⑥ 同時に合計を計算します。

⑦ 最後に合計を書きます。

　Write

⑧ ファイルを閉じます。

　Close

⑨ CSPページを元に戻し、"印刷しました"と書きます。

コード4.5.2-1　度数分布表の印刷　ルーチンsokuteid.csv

```
set sc=qq.%Close()

set file="C:\KEISOKUCHI\DOS"_xdat_".csv"  ①

set oldIO=$IO  ②

Open file:("NSW")  ③

Use file w "計測値の度数分布　出力日：",xdat,!  ④

Use file w "身長",!

S NN=0 F J=130:10:180 Use file w J,"～,",FJ01(J),! S NN=NN+FJ01(J)
⑤⑥

Use file w "合計,",NN,!  ⑦

Close file  ⑧

Use oldIO w " 印刷しました。",!  ⑨

</script>
```

　完成したら、「表示」メニューの「ブラウザ表示」を選択して確認してください。図4.5.2-1の ような終了メッセージが出たでしょうか？　フォルダKEISOKUCHIに身長度数分布表のCSV ファイルがあったでしょうか？（図4.5.2-2）。身長が完成したら、体重も同様に完成させましょ

う（図4.5.2-3）。

図4.5.2-1　終了のメッセージ

表4.5.2-1　身長の度数分布表（計測値の度数分布　出力日：20170125）

身長	
100〜	0
110〜	0
120〜	0
130〜	0
140〜	4
150〜	8
160〜	5
170〜	3
180〜	0
190〜	0
200〜	0
合計	20

表4.5.2-2　体重の度数分布表

体重	
0〜	0
10〜	0
20〜	0
30〜	0
40〜	5
50〜	11
60〜	0
70〜	1
80〜	3

90〜	0
合計	20

4.5.3　肥満度も追加して度数分布表の印刷を完成させる

　身長と体重が完成したら、肥満度も追加して、度数分布表を完成させてください。ルーチン名は、sokuteid.csp で保存してください。ただし、肥満度は少し複雑です。肥満度の判定は、18.5未満を「低体重」にしています。再掲します。

　　肥満度BMI = 体重(kg)/（身長(m)＊身長(m)）

肥満度の判定

BMI	肥満度
〜18.5未満	低体重
18.5〜25未満	ふつう
25〜30未満	肥満1度
30〜35未満	肥満2度
35〜40未満	肥満3度
40〜	肥満4度

① はじめに、肥満度の度数を入れる箱を0にしておきます。FJ03(J)に入れます。

② 肥満度の度数分布を作成するときは、BMIが18.5未満の人を先にカウントしておきましょう。$Eで計算結果の文字数を6文字にします。

③BMIが18.5未満の人の人数を入れるx185という箱も0にしておきます。

④ 削除マークが付いていたらカウントしないようにしましょう。

⑤ 身長と体重のデータが記載されている人だけ、新たに肥満度を計算して、度数分布表を作成することにしましょう。

⑥ 肥満度40以上の人はそうありませんが、万一のために80までカウントしましょう。

⑦ BMIが18.5未満の人を別に印刷します。

コード4.5.3-1　肥満度の度数分布追加　ルーチンsokuteid.csp

```
<BODY>
<h1 align=CENTER>計測値の度数分布</h1>
<form name="form">
<script language=CACHE runat=server>
set xdate=$H
set xdat=$P(xdate,",",1)
```

156　第4章　統計解析 — データを集計しよう

```
set xdat=$ZDATE(xdat,8)
set xban=0
set xj=0
set x185=0  ③
F J=0:10:180 S FJ01(J)=0
F J=0:10:80 S FJ02(J)=0
F J=0:5:80 S FJ03(J)=0  ①⑥
new qq
set qq=##class(%Library.ResultSet).%New("sousa.keisoku:QNUM")
do qq.Execute(xban)
while qq.Next()
{
set xid=qq.Get("ID")
set xsakujo=qq.Get("sakujo")
if xsakujo'=1  ④
{
set xb01=qq.Get("shincho")
set xb02=qq.Get("taiju")
set xb033=qq.Get("thiman")
set xb03=0
if xb01'="" & (xb02'="")  ⑤
{
set xb01=xb01/100
set xb03=xb02/(xb01*xb01)
set xb03=$E(xb03,1,6)
if xb03<18.5  ②
{
set x185=x185+1
}
}
肥満度追加続き
if xb03'=""  ⑤
{
S N=0 F J=5:5:80 Q:N="" D  ⑥
```

第4章　統計解析 ― データを集計しよう

```
.I xb03<J S II=J-5,FJ03(II)=FJ03(II)+1,N=""
.Q
}
```

肥満度の印刷は、以下のとおりです。

```
Use file w "肥満度",!
Use file w "18.5未満,",x185,!  ⑦
S NN=0 F J=0:5:80 Use file w J,"～,",FJ03(J),! S NN=NN+FJ03(J)
Use file w "合計,",NN,!
```

肥満度の度数分布表は図4.5.3-1になります。整理して書き直し、判定を追加したのが図4.5.3-2です。平均値sokuteim1.csp，sokuteim2.cspと、度数分布表sokuteid.cspの両方に、「戻る」ボタンを付けて、最初のフォームsokutei4.cspに戻れるようにしましょう。これで最終的に完成です。

表4.5.3-1 肥満度の度数分布表（計測値の度数分布 出力日：20170221）

肥満度	
18.5 未満	3
0～	0
5～	0
10～	0
15～	6
20～	7
25～	3
30～	1
35～	3
40～	0
45～	0
50～	0
55～	0
60～	0
65～	0
70～	0
75～	0
80～	0
合計	20

表 4.5.3-2　肥満度度数分布表まとめ

肥満度	例数	判定
18.5 未満	3	低体重
18.5〜	3	ふつう
20〜	7	ふつう
25〜	3	肥満 1 度
30〜	1	肥満 2 度
35〜	3	肥満 3 度
40〜	0	肥満 4 度
合計	20	

本章のまとめ

　第4章は、第2章の身長・体重の計測値の登録画面に肥満度の計算機能を付け加えたものです。同時に平均値計算と度数分布表の作成機能も付け加えています。主としてデータベースに保存されているデータを集計する方法を説明しています。第3章で計算したように単純に集計できません。独特の方法でデータを集計していきます。その手順をよく覚えておいてください。

・身長・体重から肥満度を計算します（4.1）。

・クエリに個人番号、氏名カナ・漢字、測定年月日を追加して、データベースを検索できます。氏名カナ等の頭文字より氏名を検索すると、類似氏名の者一覧が表示され、IDを選択して参照できます（4.3）。

・平均値計算（4.4）の場合は、計算の仕方と、計算結果をWeb画面に表示する方法について例示しています（第2章参照）。

・度数分布表の場合（4.5）は、階級分けの方法と、CSVファイルに書く方法を例示しています（第2章参照）。

・今やビックデータという言葉が大流行です。しかし、いざ、ビックデータを小さなPCで集計しようとすると1日かかり、時間切れで、途中でルーチンが止まってしまったりします。データベースは分割しておきましょう。データには欠損値などがあります。一旦データを取り出し、整理してから集計しましょう。

第5章 画像の表示 ― ホームページを作ろう

【学習目標】

Cachéデータベースのデータをホームページに表示する方法（特に画像の表示方法とクエリの工夫）、およびデータベースの管理方法について学ぶ。

5.1 ホームページの構成

5.1.1 データベースを使ったページとは

第5章では、データベースに登録されたデータを検索し、求めるデータを集め、ホームページに表示する方法を学びます。それから、画像の表示方法も学びます。

例えば、気象庁のホームページには週間天気予報が表示されています。お天気のように日々刻々と変化していくものは、その都度ホームページを止めて更新していくよりは、データベースを日々更新し、ホームページを開いたときに最新のデータが表示されるようにしておくと、常に正しい情報が提示されるようになります。そのためには、どのような工夫をすればよいでしょうか？　例題として、ある地域の団地の、コミュニティ通信のホームページを作りましょう。作るのは次の2つです。

・**その月の各種イベントの案内（月単位の表示）**

ホームページを開いたときに、その月の各種イベント案内が表示されます。

イベントの詳細を見たいときには、次のページで、詳細が表示されます。

・**7日間の天気予報のお知らせ（日単位の表示）**

これは、月曜日から日曜日までの固定した表示ではなく、ホームページを開いたときに、その日から7日間の天気予報が表示されるようにするものです。

ただし、ホームページはHTMLで書かれています。HTMLの書き方によってさまざまなホームページが書けますが、ここではHTMLの解説は省きます。最低限度のHTMLの機能を使って、データベースからデータを抽出し、ホームページらしい簡単な画面で表示できるように考えましょう。

5.2 イベントの登録のフォームの作成

5.2.1 イベントのクラスとプロパティを定義する

これまで、ネームスペースsousahou、パッケージsousaのところに、クラスを定義してきま

した。今回も同じところにクラスを定義します。クラス名をteventとして定義してください。

プロパティは、これまでのようにローマ字や英語にしないで、一律にA01からA10まで、削除マークのようなものはD01とD02にしましょう。このようにしておくと、別のクラスをコピー＆ペーストで作ることができます。

今回は年月日を20170120としないで、西暦年月と月と日の3つのプロパティに分けました。理由は、「今月のイベントお知らせ」として、イベントデータベースの中から西暦年と月が一致するデータだけを選択してホームページに表示できるようにするためです。表5.2.1-1にプロパティ一覧を示します。

表5.2.1-1　イベントのプロパティ一覧

プロパティの内容	プロパティ名
西暦年月	A01
月	A02
日	A03
曜日	A04
開始時間	A05
終了時間	A06
集合場所	A07
行事名称	A08
コメント1	A09
コメント2	A10
削除マーク	D01
写真マーク	D02

5.2.2　イベント登録のフォームを作る

クラスとプロパティが定義されましたので、これまでと同様にCaché ServerPageをウェブフォームウィザードで作成してください。ルーチン名はeventとします。図5.2.2-1の形になるように、<table>のタグを整えてください。

図5.2.2-1では、曜日をプルダウンメニューで選択できるようになっています。コードは<input>ではなくて<select>にして<option>を付けます。

コメントの入力も<input>ではなく<textarea>を使用しています。長文を入力できるようにするためです。コメントがあまり長くなると読みにくいので、1行空けるために、コメント1とコメント2にフォームを分割しています。コード5.2.2-1を参照してください。

図 5.2.2 -1 イベントの登録画面

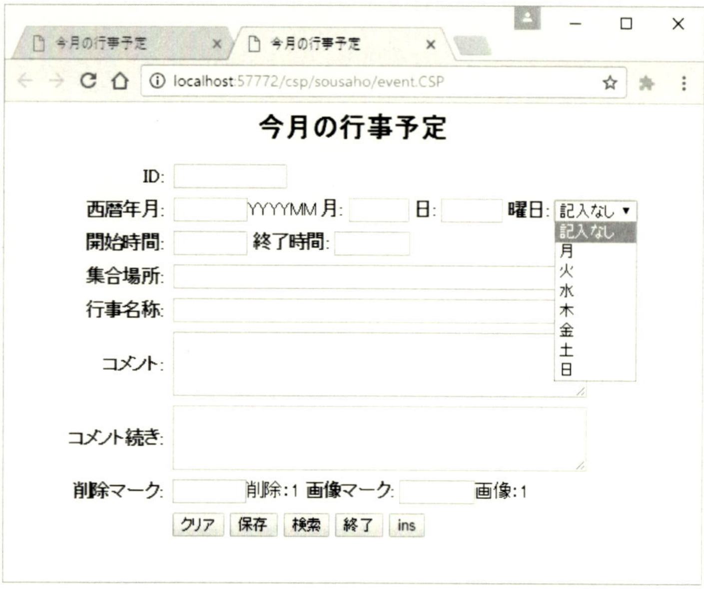

コード 5.2.2-1　イベント登録コード ＜select＞　ルーチン event.csp

```
<p><font size=5><b>今月の行事予定</b></font></p>

<table cellpadding='3'>

<tr><td><b><div align='right'>ID:</div></b></td>

<td><input type='text' name='sys_Id' cspbind='%Id()' size='10'
readonly>

</td></tr>

<tr><td><b><div align='right'>西暦年月:</div></b></td>

<td><input type='text' name='A01' cspbind='A01' size='5'>YYYYMM

<b>月:</b><input type='text' name='A02' cspbind='A02' size='3'>

<b>日:</b><input type='text' name='A03' cspbind='A03' size='3'>

<b>曜日:</b><select name='A04' cspbind='A04'>

<option value='0' selected>記入なし

<option value='月'>月

<option value='火'>火

<option value='水'>水

<option value='木'>木

<option value='金'>金

<option value='土'>土

<option value='日'>日
```

162　第5章　画像の表示 — ホームページを作ろう

```
</select>
</td></tr>
<tr><td><b><div align='right'>開始時間:</div></b></td>
<td><input type='text' name='A05' cspbind='A05' size='5'>
<b>終了時間:</b>
<input type='text' name='A06' cspbind='A06' size='5'></td></tr>
<tr><td><b><div align='right'>集合場所:</div></b></td>
<td><input type='text' name='A07' cspbind='A07'
size='50'></td></tr>
<tr><td><b><div align='right'>行事名称:</div></b></td>
<td><input type='text' name='A08' cspbind='A08'
size='50'></td></tr>
<tr><td><b><div align='right'>コメント:</div></b></td>
<td><textarea name='A09' cols='50' rows='4'
cspbind='A09'></textarea>
</td></tr>
<tr><td><b><div align='right'>コメント続き:</div></b></td>
<td><textarea name='A10' cols='50' rows='4'
cspbind='A10'></textarea>
</td></tr>
<tr><td><b><div align='right'>削除マーク:</div></b></td>
<td><input type='text' name='D01' cspbind='D01' size='5'>削除：1
<b>画像マーク:</b>
<input type='text' name='D02' cspbind='D02' size='5'>画像：
1</td></tr>
<tr><td> </td>
<td><input type='button' name='btnClear'
value='#(%response.GetText("","%CSPSearch","ClearBtn","clear"))#'
onclick='form_new();'>
<input type='button' name='btnSave'
value='#(%response.GetText("","%CSPSearch","SaveBtn","save"))#'
onclick='form_save();'>
<input type='button' name='btnSearch'
value='#(%response.GetText("",
"%CSPSearch","SearchBtn","search"))#'onclick='form_search();'>
<input type='button' name='btnEnd' value=終了
```

```
onClick=#server(..COSendSession())#;>
<input type='button' name='ins' value='ins'
onClick=self.document.location="Inspector.csp";>
</td></tr>
</table>
</center>
</form>
```

「表示」→「ブラウザで表示」を選択します。図5.2.2-1のように表示されたら、今月の行事予定を入力してください。「検索」ボタンを押して、今月の行事予定が正しく登録されているかどうかを確認してください（図5.2.2-2）。

図5.2.2-2　検索結果の画面例

5.3　ホームページのトップ画面の作成

5.3.1　クエリを定義する

　ホームページを開いたときに、今月の行事予定一覧が表示されるようにしなければなりません。「クラス」→「クエリ」を選択して、西暦年月A01が同じものを集められるように、クラスにクエリを登録します。クエリ名はQYYMです。A01=PYYMとします。

コード5.3.1-1　クエリの定義　クラス sousa.tevent
```
Query QYYM(PYYM As %String) As %SQLQuery(CONTAINID = 1)
```

```
{
SELECT %ID,A01,A02,A03,A04,A05,A06,A07,A08,A09,A10,D01 FROM tevent
WHERE (A01 = :PYYM)
ORDER BY %ID
}
```

5.3.2　ホームページの外枠を作る

　外枠は、Caché ServerPageをウェブフォームウィザードで作成します。

① タイトルを付けます。

② 画像を挿入します。背景として使用したい画像を用意します。ここではttop.pngというファイル名の画像を用意しました。PCのC:\InterSystems\Cache\CSP\sousahouにImgFというフォルダを作り、そこにttop.pngを入れておきます。

③ 表示する今月の行事のタイトルを挿入します。

④ ＜script＞〜＜/script＞を挿入します。

⑤ 「ins」と「終了」ボタンも付けておきます。

コード5.3.2-1　ホームページの外枠　ルーチンteventhom.csp（1）

```
<html>
<head>
<title>あけぼの団地コミュニティ通信</title>  ①
<p><img src="../sousahou/ImgF/ttop.png" width="1000" height="150">
</p>  ②
</head>
<body>
<form name="form">
<center>
<table>
<tr><td>
<input type='button' name='ins' value='ins'
onClick=self.document.location="Inspector.csp";>  ⑤
<input type='button' name='btnEnd' value=終了
onClick=#server(..COSendSession())#;>
</td></tr>
</table>
<table>
```

第5章　画像の表示 — ホームページを作ろう　　165

```
<table cellpadding="5" border="0">  ③
<tr bgcolor="#87CEEB"><td>行事名称</td><td>年</td><td>月</td>
<td>日</td><td>曜日</td><td>開始時間</td><td>～</td>
<td>終了時間</td><td>集合場所</td></tr>
<script language=CACHE runat=server>
    ④
</script>
</table>
</center>
</form>
</body>
</html>
```

スタジオの「表示」→「ブラウザで表示」を選択します。図5.3.2-1のようになっていますか？

図5.3.2-1 ホームページの外枠

5.3.3 データベースから検索して表示する

クラスに定義したクエリを使い、データベースに登録されているイベントから同じ年月のイベントのみを取り出し、表示します。この機能を5.3.2の④で説明した＜script＞～＜/script＞の中に入れます。

クエリ名はQYYM、検索はA01=PYYMです。

作成方法は以下のとおりです。

① 検索年月PYYMの値を変数xvalに入れます。

PYYMは今月のことです。例えば今日が2017年1月23日ならPYYM=201701です。

日に関する関数は$Hです。$H=64306,34127　となります。

これを通常の形に変形するのが$ZDATEです。$ZDATE($H)=01/23/2017となります。

xdat=$ZDATE($H,8)とすると、xdat=20170123となります。

xdatの頭から6文字抽出するのが$Eで、$E(xdat,1,6)=201701となります。

この値をxvalに入れます。

② 検索したデータを^EVYMに保存するので、事前に以前の^EVYMを消去します。KはKillの略です。

③ qもnewで更新します。qは変数名ですから何を使ってもかまいません。set以下がクエリです。

④ データが無くなるまで検索します。A01=201701のデータを探します。見つかれば読みます。

⑤ 削除マークが無ければ、データを区切り記号":"を付けて連結し、^EVYM(xi)に保存します。

⑥ 終了し、xiを%sessionに一時保存します。

⑦ ^EVYMを読み、$Pを用いてデータを区切り記号で分割し、A01～A08までのデータを表示します。

コード5.3.3-1　イベント案内　ルーチンteventhom.csp（2）

```
<script language=CACHE runat=server>
set xdate=$H  ①
set xdat=$P(xdate,",",1)
set xdat=$ZDATE(xdat,8)
set xnen=$E(xdat,1,6)
set xval=xnen
set xi=0
set xstop=0
K ^EVYM  ②
new q  ③
set q=##class(%Library.ResultSet).%New("sousa.tevent:QYYM")
do q.Execute(xval)
while q.Next()  ④
{
set xid=q.Get("ID")
set xa01=q.Get("A01")
set xa02=q.Get("A02")
set xa03=q.Get("A03")
set xa04=q.Get("A04")
```

第5章　画像の表示 ― ホームページを作ろう　167

```
set xa05=q.Get("A05")
set xa06=q.Get("A06")
set xa07=q.Get("A07")
set xa08=q.Get("A08")
set xa09=q.Get("A09")
set xa10=q.Get("A10")
set xd01=q.Get("D01")
if xd01'=1   ⑤
{
set xi=xi+1
set ^EVYM(xi)=xa01_";"_xa02_";"_xa03_";"_xa04_";"_xa05_";"_xa06
_";"_xa07_";"_xa08_";"_xa09_";"_xa10
}
}
do q.%Close()   ⑥
set %session.Data("XI")=xi
set xj=0
while xj<xi   ⑦
{
set xj=xj+1
set xd=^EVYM(xj)
F I=1:1:8 S XD(I)=$P(xd,";",I)
set XD(1)=$E(XD(1),1,4)
set XD(1)=XD(1)_"年"
set XD(2)=XD(2)_"月"
set XD(3)=XD(3)_"日"
&HTML< <tr><td>#(XD(8))#</td><td>#(XD(1))#</td><td>#(XD(2))#</td>
<td>#(XD(3))#</td><td>#(XD(4))#</td><td>#(XD(5))#</td><td>～</td>
<td>#(XD(6))#</td><td>#(XD(7))#</td></tr> >
}
</script>
```

5.3.4　ボタンを挿入する

　最後にボタンを挿入します。ボタンの名称とルーチン名は下記にしてください。

ホームページに挿入するボタンの名称とルーチン名

ボタンの名称	ルーチン名
ホーム	teventhom.csp
イベント詳細	tevent1.csp
週間天気予報1	tenki1.csp
週間天気予報2	tenki2.csp
終了	
Ins	

　ボタンは通常のホームページのメニューのように、トップ写真の直下にします。

　ルーチン名をteventhom.cspとして保存してください。

コード5.3.4-1　メニュー　ルーチンteventhom.csp（3）

```
<form name="form">

<center>

<table>

<tr><td>

<input type="button" name="btnHom" value="ホーム"
onClick=self.document.location="teventhom.csp";>

<input type="button" name="btnEvent" value="今月のイベント"
onClick=#server(..COSevent())#;>

<input type="button" name="btnTenki" value="週間天気予報タテ"
onClick=#server(..COStenkiA())#;>

<input type="button" name="btnTenki" value="週間天気予報ヨコ"
onClick=#server(..COStenkiB())#;>

<input type='button' name='ins' value='ins'
onClick=self.document.location="Inspector.csp";>

<input type='button' name='btnEnd' value=終了
onClick=#server(..COSendSession())#;>

</td></tr>

</table>
```

　ボタンのメソッドも追加してください。

コード5.3.4-2　トップページのメソッド追加　ルーチンteventhom.csp（4）

```
</table>

</center>

</form>
```

第5章　画像の表示 ─ ホームページを作ろう　169

```
<script language=CACHE method="COSendSession" arguments=""
returntype="%Boolean">
set %session.EndSession=1
QUIT 1
</script>
<script language=CACHE method="COSevent" arguments=""
returntype="%Boolean">
&javascript< self.document.location="tevent1.CSP"; >
QUIT 1
</script>
<script language=CACHE method="COStenkiA" arguments=""
returntype="%Boolean">
&javascript< self.document.location="tenki1.CSP"; >
QUIT 1
</script>
<script language=CACHE method="COStenkiB" arguments=""
returntype="%Boolean">
&javascript< self.document.location="tenki2.CSP"; >
QUIT 1
</script>
</body>
</html>
```

図5.3.4-1　トップページ

以上でトップページはできました（図5.3.4-1）。続けて、イベントの内容詳細表示、天気予報

の登録と表示画面を作成しましょう。

5.4　イベントの内容を詳細表示するページ

5.4.1　イベントの内容を詳細表示するページを作成する

これは5.3のteventhom.cspのルーチンとほとんど変わりません。

下記のコード5.4.1-1では、ホームページteventhom.cspを開いたときに作成された^EVYM（①）が使用されています。したがってホームページを開いてからでないとエラーになります。また、<table>の色の表示を変えて見やすくしています。このコードをルーチン名tevent1.cspで保存してください。

コード5.4.1-1　イベント頁　ルーチンtevent1.csp

```
<html>
<head>
<title>あけぼの団地コミュニティ通信</title>
<p><img src="../sousahou/ImgF/ttop.png" width="1000" height="150">
</p>
</head>
<body>
<h1 align='center'>今月の各種イベントのお知らせ</h1>
<form name="form">
<center>
<table>
<tr><td>
<input type="button" name="btnHom" value="ホーム"
onClick=self.document.location="teventhom.csp";>
<input type="button" name="btnEvent" value="今月のイベント
"onClick=self.document.location="tevent1.csp";>
<input type='button' name='btnEnd' value=終了
onClick=#server(..COSendSession())#;>
</td></tr>
</table>
<script language=CACHE runat=server>
set xdate=$H
set xdat=$P(xdate,",",1)
set xdat=$ZDATE(xdat,8)
```

第5章　画像の表示 — ホームページを作ろう　171

```
set xnen=$E(xdat,1,6)
set xj=0
set xi=%session.Get("XI")
set xii=^XI
while xj<xii
{
set xj=xj+1
set xd=^EVYM(xj)  ①
F I=1:1:10 S XD(I)=$P(xd,";",I)
set XD(1)=$E(XD(1),1,4)
set XD(1)=XD(1)_"年"
set XD(2)=XD(2)_"月"
set XD(3)=XD(3)_"日"
set XD(8)="◎"_XD(8)
set XA=" "_XD(1)_XD(2)_XD(3)_XD(4)_XD(5)_"～"_XD(6)_" "_XD(7)
&HTML< <table bgcolor="#ADD8E6" cellpadding="2" boder="1"
width=80%> >
&HTML< <tr bgcolor="#FFFFFF"><td>#(XD(8))#</td></tr> >
&HTML< <tr><td>#(XA)#</td></tr> >
&HTML< <tr><td>#(XD(9))#</td></tr> >
&HTML< <tr><td>#(XD(10))#</td></tr> >
&HTML< </table> >
}
</script>
</center>
</form>
<script language=CACHE method="COSback" arguments=""
returntype="%Boolean">
&javascript< self.document.location="teventhom.CSP"; >
QUIT 1
</script>
<script language=CACHE method="COSendSession" arguments=""
returntype="%Boolean">
set %session.EndSession=1
```

```
QUIT 1
</script>
</body>
</html>
```

スタジオの「表示」→「ブラウザで表示」を選択します。図5.4.1-1の画面が表示されたでしょうか？

図5.4.1-1　今月のイベント詳細画面例

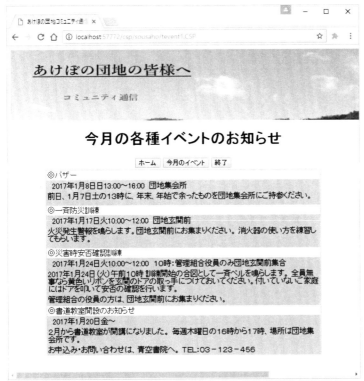

5.5　天気予報の登録画面（フォーム）の作成

5.5.1　天気予報のクラスとプロパティを定義する

クラスはsousa.tenkiにします。プロパティはA01～A08、D01，D02です。

イベントのクラス　sousa.tevent　とプロパティはほぼ同じですから、「ツール」→「クラスのコピー」を選択し、クラスをコピーしましょう。A09とA10は不要ですから削除します。

天気予報のクラスとプロパティ

プロパティ名	プロパティの名称
A01	年月日
A02	日付
A03	曜日
A04	天気
A05	または
A06	後の天気
A07	気温：最低／最高
A08	コメント
D01	削除マーク
D02	写真有無マーク

5.5.2　天気予報のクエリを定義する

クエリも定義しておきましょう。クエリ名はQNENとします。

検索は、A01 ＞ PNENとします。指定年月日から検索開始します。

5.5.3　天気予報登録のフォームを作成する

クラスとプロパティが定義されましたので、これまでと同様に、Caché Server Pageをウェブフォームウィザードで作成してください。曜日と同様に天気にもプルダウンメニューを付けてください。ルーチン名はtenki.cspとします。

天気予報の登録時にこれまで登録したデータは、「検索」ボタンで検索できます。さらに、このフォームで年月日を入力して「表示」ボタンを押せば、過去の週間天気予報が表示できる機能を付けておきましょう。「表示」のルーチン名はtenkik.cspとします。

動作を確認してください。図5.5.3-1のようになりましたか？　確認後、天気予報のデータを登録してください。

図5.5.3-1　天気予報のフォーム画面例

5.5.4　過去の週間天気を表示する

　天気予報のフォーム画面で年月日を入力して「表示」ボタンを押したときに、指定した日から7日間の天気予報を表示するルーチンtenkik.cspを作りましょう。

① 天気予報のフォーム画面で「表示」ボタンを押したときに、%session("A01")に年月日が保存されます。その年月日をxvalに入れます。クエリQNENはA01>PNENでしたから、xvalから1引いて、xva=xval-1とします。

② 指定した日から7日間の天気を表示しなければなりません。クエリで期間を指定できますが、今回は、はじめにxstop=0にしておきます。

③ 次に、xi=7になれば、xstop=1にして検索を止めるようにしています。

④ 検索して見つけたデータA01~A08とD01、D02は、変数xa01~za08とxd01、xd02に入れ、日ごとの天気を表示します。その後で年月日ごとのコメントを表示しなればなりませんから、A01とA08はB01(1)~B01(7)とB08(1)~B08(7)に保存しておき、最後にまとめて表示しています。

　実行してみてください。図5.5.4-1のように表示されたでしょうか？

コード5.5.4-1　過去の週間天気予報　ルーチンtenkik.csp

```
<html>
<head>
<title>週間天気予報 </title>
</head>
<body>
<h1 align='center'>週間天気予報</h1>
```

第5章　画像の表示 ― ホームページを作ろう　175

```
<div style="text-align:center">気象予報士　山上晴子の週間天気予報</div>
<div style="text-align:center">この地区に合わせた予報をしています</div>
<center>
<p><img src="../sousaho/ImgF/ttenki.JPG" width="250" height="130">
</p>
</center>
<form name="form">
<script language=CACHE runat=server>
set xval=%session.Get("A01")
set xva=xval-1 ①
set xi=0
set xstop=0
&HTML< <center> >
&HTML< <table bgcolor="#ADD8E6" cellpadding="1" border="1"> >
new q
set q=##class(%Library.ResultSet).%New("sousa.tenki:QNEN")
do q.Execute(xva)
while q.Next()
{
if xstop=0 ②
{
set xid=q.Get("ID")
set xa01=q.Get("A01")
set xa02=q.Get("A02")
set xa03=q.Get("A03")
set xa04=q.Get("A04")
set xa05=q.Get("A05")
set xa06=q.Get("A06")
set xa07=q.Get("A07")
set xa08=q.Get("A08")
set xd01=q.Get("D01")
set xd02=q.Get("D02")
if xd01'=1
{
```

```
set xi=xi+1
set B01(xi)=xa01  ④
set B08(xi)=xa08
set xa02=xa02_"日"
if xd02=1 & (xd02'="")
{
set xd02="撮影日"
}
if xa05="／"
{
set xa05="のち"
}
if xa05="|"
{
set xa05="時々"
}
set xa04=xa04_xa05_xa06
&HTML< <tr bgcolor="#FFFFFF"><td>#(xa01)#</td><td>#(xa02)#</td>
<td>#(xa03)#</td><td>#(xa04)#</td><td>#(xa07)#</td><td>#(xd02)#</td>
</tr> >
if xi=7
{
set xstop=1  ③
}
}
}
}
do q.%Close()
&HTML< </table> >
&HTML< </center> >
set xk=1
while xk<8
{
&HTML< <table bgcolor="#ADD8E6" cellpadding="1" boder="1"
```

第5章　画像の表示 ― ホームページを作ろう　177

```
width=100%> >
&HTML< <tr><td>#(B01(xk))#</td></tr> >
&HTML< <tr bgcolor="#FFFFFF"><td>#(B08(xk))#</td></tr> >
&HTML< </table> >
set xk=xk+1
}
</script>
<table>
<tr><td>
<input type="button" name="btnBack" value="戻る"
onClick=#server(..COSback())#;>
</td></tr>
</table>
</form>
<script language=CACHE method="COSback" arguments=""
returntype="%Boolean">
&javascript< self.document.location="tenki.CSP"; >
QUIT 1
</script>
</body>
</html>
```

図5.5.4-1　過去の週間天気予報

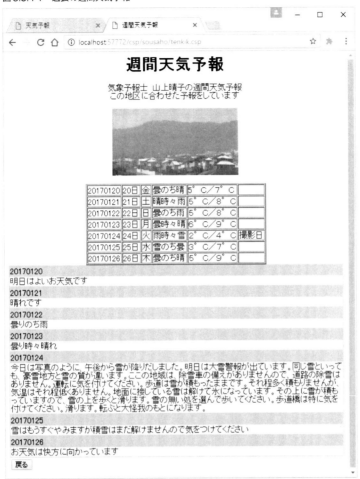

5.6　週間天気予報のページ1：タテに表示

5.6.1　7日間の天気予報のデータを検索するクエリを作成する

　5.5.4で過去の天気を参照できるようにしました。今回は、今日から未来に向かって1週間の天気予報を表示します。sousa.tenkiにある天気予報のクラスに、今日から未来7日間の天気予報のデータを検索するクエリを作成します。

　クエリ名はQNENFTとします。年月日のプロパティA01が、

PNENF<＝A01<PNENT

の間にあるA01（年月日）を検索するためのクエリです。

　図5.6.1-1のように、クラスにクエリQNENFTが追加されていますか？

　クエリ名QNENFTには検索条件がPNENFとPNENTの2個あります。

　これまでは検索条件が1つでした。検索条件2つは今回初めてです。クラスウィザードの操作

を誤ると正しくクエリが定義されませんから、クエリが正しく定義されているか、よく確認してください。

図5.6.1-1　クラスtenkiのクエリQNENFT

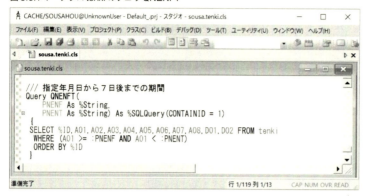

ルーチンはtenkiB1.cspとします。クエリはQNENFTを使います。日付の初期値と終り値を決めなければなりません。

年月日は今日からですから$Hとします。

```
set xdate=$H
```

$Hから時刻を除いた日付だけを抽出します。

```
set xdat=$P(xdate,",",1)
```

これが初日になります。

```
set xdatff=xdat
```

終わりは初日に7日加えておきます。

```
set xdattt=xdatff+7
```

初期値です。

```
set xdatf=$ZDATE(xdatff,8)
```

終り値です。

```
set xdatt=$ZDATE(xdattt,8)
```

コード5.6.1-1では、以下のとおりです。
① 初期値はset PNENF=xdatf、終り値はset PNENT=xdattです。
② 検索の式はいつものとおりですが、検索条件が2つ並んでいます。

```
   do q.Execute(PNENF,PNENT)
```
③ 1日分のデータを読みます

④ &HTML< < 〜 > > と、二重タグを付けます。

コード 5.6.1-1　タテ表示画あり　ルーチン tenkiB1.csp

```
<html>
<head>
<title>週間天気予報タテ画</title>
</head>
<body>
<h1 align='center'>週間天気予報タテ画</h1>
<div style="text-align:center">気象予報士　山上晴子の週間天気予報</div>
<div style="text-align:center">この地区に合わせた予報をしています</div>
<center>
<p><img src="../sousahou/ImgF/ttenki.JPG" width="250" height="120">
</p>
</center>
<form name="form">
<script language=CACHE runat=server>
set xdate=$H
set xdat=$P(xdate,",",1)
set xdatff=xdat
set xdattt=xdatff+7
set xdatf=$ZDATE(xdatff,8)
set xdatt=$ZDATE(xdattt,8)
set PNENF=xdatf  ①
set PNENT=xdatt
set xi=0
&HTML< <center> >  ④
&HTML< <table bgcolor="#ADD8E6" cellpadding="1" border="1"> >
new q
set q=##class(%Library.ResultSet).%New("sousa.tenki:QNENFT")
do q.Execute(PNENF,PNENT)  ②
while q.Next()
{
```

第5章　画像の表示 — ホームページを作ろう　181

```
set xid=q.Get("ID")     ③
set xa01=q.Get("A01")    年月日
set xa02=q.Get("A02")    日付
set xa03=q.Get("A03")    曜日
set xa04=q.Get("A04")    天気
set xa05=q.Get("A05")    または
set xa06=q.Get("A06")    後の天気
set xa07=q.Get("A07")    気温：最低／最高
set xa08=q.Get("A08")    コメント
set xd01=q.Get("D01")    削除マーク
set xd02=q.Get("D02")    写真有無マーク
```

次は、読んだデータをどのように表示するかを考えましょう。

5.6.2 天気の各種画像を入れて表示する

表示方法は、ルーチンtenkikと同じ方法にします。テレビなどでよく見かけるように、晴、曇、雨、雪を画像で表現してみましょう。画像を小さくすれば、幅と高さを指定しなくてよくなります。

① 削除マークが無ければ表示します。

② 日数をカウントします。

③ 天気の前と後をxaとxbに入れます。

④ コメントの年月日を保存します。

⑤ コメントを保存します。

⑥ 撮影マークがあれば「写真撮影日」とします。

⑦ xaとxbによって天気の画像を選択し、データを表示します。

　If命令が並んでいますが、以下同じです。

⑧ 7日間の週間予報の表示が終了した後で、コメントの日付とコメントを表示します。

⑨ HTMLのタグは、&HTML<<　>>のように、二重になっています。注意してください。

コード5.6.2-1　タテ表示画あり続き　ルーチンtenkiB1.csp

```
if xd01'=1   ①

{
set xi=xi+1   ②
set xa=xa04   ③
set xb=xa06
set XT(xi)=xa01   ④
```

182 | 第5章 画像の表示 — ホームページを作ろう

```
set XC(xi)=xa08  ⑤

set xdd=xd02

if xdd=1

{

set xdd="写真撮影日"  ⑥

}

if xa="晴" & (xb="晴")  ⑦

{

&HTML< <tr bgcolor="#FFFFFF"><td>#(xa01)#</td><td>#(xa02)#</td>
<td>#(xa03)#</td><td><img src="../sousahou/ImgF/hare2017.png"></td>
<td>#(xa05)#</td><td><img src="ImgF/hare2017.png"></td>
<td>#(xa07)#</td><td>#(xdd)#</td></tr> >

}

if xa="晴" & (xb="曇")

{

&HTML< <tr bgcolor="#FFFFFF"><td>#(xa01)#</td><td>#(xa02)#</td>
<td>#(xa03)#</td><td><img src="../sousahou/ImgF/hare2017.png"></td>
<td>#(xa05)#</td><td><img src="ImgF/kumori2017.png"></td>
<td>#(xa07)#</td><td>#(xdd)#</td></tr> >

}

if xa="晴" & (xb="雨")

{

&HTML< <tr bgcolor="#FFFFFF"><td>#(xa01)#</td><td>#(xa02)#</td>
<td>#(xa03)#</td><td><img src="../sousahou/ImgF/hare2017.png"></td>
<td>#(xa05)#</td><td><img src="ImgF/ame2017.png"></td>
<td>#(xa07)#</td><td>#(xdd)#</td></tr> >

}

if xa="晴" & (xb="雪")

{

&HTML< <tr bgcolor="#FFFFFF"><td>#(xa01)#</td><td>#(xa02)#</td>
<td>#(xa03)#</td><td><img src="../sousahou/ImgF/hare2017.png"></td>
<td>#(xa05)#</td><td><img src="ImgF/yuki2017.png"></td>
<td>#(xa07)#</td><td>#(xdd)#</td></tr> >

}

if xa="曇" & (xb="晴")

{
```

第5章　画像の表示 ― ホームページを作ろう

```
&HTML< <tr bgcolor="#FFFFFF"><td>#(xa01)#</td><td>#(xa02)#</td>
<td>#(xa03)#</td><td><img src="../sousahou/ImgF/kumori2017.png">
</td><td>#(xa05)#</td><td><img src="ImgF/hare2017.png"></td>
<td>#(xa07)#</td><td>#(xdd)#</td></tr> >
}

if xa="曇" & (xb="曇")

{

&HTML< <tr bgcolor="#FFFFFF"><td>#(xa01)#</td><td>#(xa02)#</td>
<td>#(xa03)#</td><td><img src="../sousahou/ImgF/kumori2017.png">
</td><td>#(xa05)#</td><td><img src="ImgF/kumori2017.png"></td>
<td>#(xa07)#</td><td>#(xdd)#</td></tr> >
}

if xa="曇" & (xb="雨")

{

&HTML< <tr bgcolor="#FFFFFF"><td>#(xa01)#</td><td>#(xa02)#</td>
<td>#(xa03)#</td><td><img src="../sousahou/ImgF/kumori2017.png">
</td><td>#(xa05)#</td><td><img src="ImgF/ame2017.png"></td>
<td>#(xa07)#</td><td>#(xdd)#</td></tr> >
}

if xa="曇" & (xb="雪")

{

&HTML< <tr bgcolor="#FFFFFF"><td>#(xa01)#</td><td>#(xa02)#</td>
<td>#(xa03)#</td><td><img src="../sousahou/ImgF/kumori2017.png">
</td><td>#(xa05)#</td><td><img src="ImgF/yuki2017.png"></td>
<td>#(xa07)#</td><td>#(xdd)#</td></tr> >
}

if xa="雨" & (xb="晴")

{

&HTML< <tr bgcolor="#FFFFFF"><td>#(xa01)#</td><td>#(xa02)#</td>
<td>#(xa03)#</td><td><img src="../sousahou/ImgF/ame2017.png"></td>
<td>#(xa05)#</td><td><img src="ImgF/hare2017.png"></td>
<td>#(xa07)#</td><td>#(xdd)#</td></tr> >
}

if xa="雨" & (xb="曇")

{

&HTML< <tr bgcolor="#FFFFFF"><td>#(xa01)#</td><td>#(xa02)#</td>
<td>#(xa03)#</td><td><img src="../sousahou/ImgF/ame2017.png"></td>
```

```
<td>#(xa05)#</td><td><img src="ImgF/kumori2017.png"></td>
<td>#(xa07)#</td><td>#(xdd)#</td></tr> >
}
if xa="雨" & (xb="雨")
{
&HTML< <tr bgcolor="#FFFFFF"><td>#(xa01)#</td><td>#(xa02)#</td>
<td>#(xa03)#</td><td><img src="../sousahou/ImgF/ame2017.png"></td>
<td>#(xa05)#</td><td><img src="ImgF/ame2017.png"></td>
<td>#(xa07)#</td><td>#(xdd)#</td></tr> >
}
if xa="雨" & (xb="雪")
{
&HTML< <tr bgcolor="#FFFFFF"><td>#(xa01)#</td><td>#(xa02)#</td>
<td>#(xa03)#</td><td><img src="../sousahou/ImgF/ame2017.png"></td>
<td>#(xa05)#</td><td><img src="ImgF/yuki2017.png"></td>
<td>#(xa07)#</td><td>#(xdd)#</td></tr> >
}
if xa="雪" & (xb="晴")
{
&HTML< <tr bgcolor="#FFFFFF"><td>#(xa01)#</td><td>#(xa02)#</td>
<td>#(xa03)#</td><td><img src="../sousahou/ImgF/yuki2017.png"></td>
<td>#(xa05)#</td><td><img src="ImgF/hare2017.png"></td>
<td>#(xa07)#</td><td>#(xdd)#</td></tr> >
}
if xa="雪" & (xb="曇")
{
&HTML< <tr bgcolor="#FFFFFF"><td>#(xa01)#</td><td>#(xa02)#</td>
<td>#(xa03)#</td><td><img src="../sousahou/ImgF/yuki2017.png"></td>
<td>#(xa05)#</td><td><img src="ImgF/kumori2017.png"></td>
<td>#(xa07)#</td><td>#(xdd)#</td></tr> >
}
if xa="雪" & (xb="雨")
{
&HTML< <tr bgcolor="#FFFFFF"><td>#(xa01)#</td><td>#(xa02)#</td>
<td>#(xa03)#</td><td><img src="../sousahou/ImgF/yuki2017.png"></td>
<td>#(xa05)#</td><td><img src="ImgF/ame2017.png"></td>
<td>#(xa07)#</td><td>#(xdd)#</td></tr> >
```

```
}
if xa="雪" & (xb="雪")
{
&HTML< <tr bgcolor="#FFFFFF"><td>#(xa01)#</td><td>#(xa02)#</td>
<td>#(xa03)#</td><td><img src="../sousahou/ImgF/yuki2017.png"></td>
<td>#(xa05)#</td><td><img src="ImgF/yuki2017.png"></td>
<td>#(xa07)#</td><td>#(xdd)#</td></tr> >
}
}
}
do q.%Close()
&HTML< </table> >  ⑨
&HTML< </center> >
set xk=1  ⑧
while xk<8
{
&HTML< <table bgcolor="#ADD8E6" cellpadding="1" boder="1"
width=100%> >
&HTML< <tr><td>#(XT(xk))#</td></tr> >  ⑧⑨
&HTML< <tr bgcolor="#FFFFFF"><td>#(XC(xk))#</td></tr> >  ⑧⑨
&HTML< </table> >  ⑨
set xk=xk+1
}
</script>
<table>
<tr><td>
<input type="button" name="btnBack" value="戻る"
onClick=#server(..COSback())#;>
</td></tr>
</table>
</form>
<script language=CACHE method="COSback" arguments=""
returntype="%Boolean">
&javascript< self.document.location="teventhom.CSP"; >
QUIT 1
```

```
</script>
</body>
</html>
```

実行してみてください。図5.6.2-1のように表示されたでしょうか？

図5.6.2-1　週間天気予報タテ画の画面例

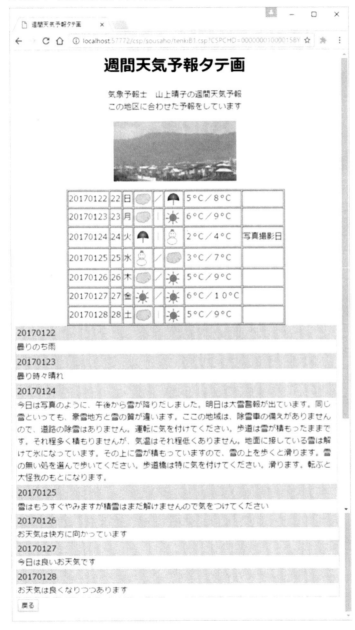

5.7 週間天気予報のページ2：タテとヨコの表示を変更

5.7.1 タテ・ヨコ表示を変える場合

5.6では、読んだデータをそのまま読んだ順番に表示していました。ここでは、7日間のデータを読み終わるまで表示しないで、読んだデータを一旦A01(xi)～A08(xi)、D02(xi)に入れるようにします。

A04、A05、A06は天気情報ですから、1つにまとめるとA04のみになります。A08はコメントなので省きます。D01は削除マークですから、削除マークの付いたデータを除くと、データはA01、A02、A03、A04、A07、D02になります。すなわち、「6×7」のマトリックスになっています。

タテに表示する場合は、

```
A01(1), A02(1), A03(1), A04(1), A07(1), D02(1)
A01(2), A02(2), A03(2), A04(2), A07(2), D02(2)
A01(3), A02(3), A03(3), A04(3), A07(3), D02(3)
A01(4), A02(4), A03(4), A04(4), A07(4), D02(4)
A01(5), A02(5), A03(5), A04(5), A07(5), D02(5)
A01(6), A02(6), A03(6), A04(6), A07(6), D02(6)
A01(7), A02(7), A03(7), A04(7), A07(7), D02(7)
```

です。

天気の画像有りのタテ表示はtenkiB1.cspでしたから、この画像無しのタテ表示のルーチン名はtenkiB2.cspとしましょう。

ヨコに表示する場合は、

```
A01(1), A01(2), A01(3), A01(4), A01(5), A01(6), A01(7)
A02(1), A02(2), A02(3), A02(4), A02(5), A02(6), A02(7)
A03(1), A03(2), A03(3), A03(4), A03(5), A03(6), A03(7)
A04(1), A04(2), A04(3), A04(4), A04 (5), A04(6), A04(7)
A07(1), A07(2), A07(3), A07(4), A07(5), A07(6), A07(7)
D02(1), D02(2), D02(3), D02(4), D02(5), D02(6), D02(7)
```

となります。

この画像無しのヨコ表示のルーチン名は、tenkiA2.cspとしましょう。

このように、タテ、ヨコの2つのルーチンを作成すると、タテとヨコの表示を変えるときに便利です。これらには天気の画像が無いので使いやすいでしょう。

コード　画像無しヨコ表示　ルーチン tenkiA2.csp

```
&HTML< <center> >

&HTML< <table bgcolor="#ADD8E6" cellpadding="1" border="1"> >

&HTML< <tr bgcolor="#FFFFFF"><td>#(A01(1))#</td>
<td>#(A01(2))#</td><td>#(A01(3))#</td><td>#(A01(4))#</td>
<td>#(A01(5))#</td><td>#(A01(6))#</td><td>#(A01(7))#</td></tr> >

&HTML< <tr bgcolor="#FFFFFF"><td>#(A02(1))#</td>
<td>#(A02(2))#</td><td>#(A02(3))#</td><td>#(A02(4))#</td>
<td>#(A02(5))#</td><td>#(A02(6))#</td><td>#(A02(7))#</td></tr> >

&HTML< <tr bgcolor="#FFFFFF"><td>#(A03(1))#</td>
<td>#(A03(2))#</td><td>#(A03(3))#</td><td>#(A03(4))#</td>
<td>#(A03(5))#</td><td>#(A03(6))#</td><td>#(A03(7))#</td></tr> >

&HTML< <tr bgcolor="#FFFFFF"><td>#(A04(1))#</td>
<td>#(A04(2))#</td><td>#(A04(3))#</td><td>#(A04(4))#</td>
<td>#(A04(5))#</td><td>#(A04(6))#</td><td>#(A04(7))#</td></tr> >

&HTML< <tr bgcolor="#FFFFFF"><td>#(A07(1))#</td>
<td>#(A07(2))#</td><td>#(A07(3))#</td><td>#(A07(4))#</td>
<td>#(A07(5))#</td><td>#(A07(6))#</td><td>#(A07(7))#</td></tr> >

&HTML< <tr bgcolor="#FFFFFF"><td>#(D02(1))#</td>
<td>#(D02(2))#</td><td>#(D02(3))#</td><td>#(D02(4))#</td>
<td>#(D02(5))#</td><td>#(D02(6))#</td><td>#(D02(7))#</td></tr> >

&HTML< </table> >

&HTML< </center> >
```

図5.7.1-1　週間天気予報のヨコ画面の例

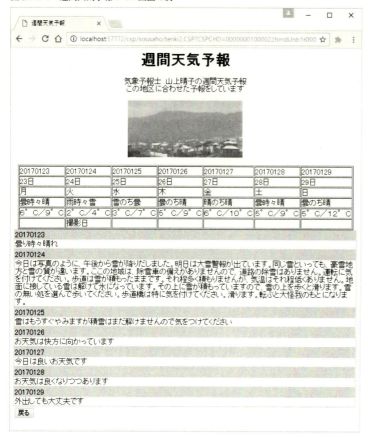

5.8　ログインIDとパスワードを使用したデータ登録の管理

5.8.1　ログインIDとパスワードを管理するクラス、プロパティ、クエリを定義する

　これまでに、ネームスペースsousahouのパッケージsousaにkeisan、keisoku、tenki、teventというクラスを作成してきました（図5.8.1-1）。今回はmasterというパッケージに、opepersonというクラスを作り、ログインIDとパスワードを管理しましょう。

　プロパティは下記のようにします。

IDとパスワードを管理する名称とプロパティ

名称	プロパティ名
ID番号	IDNum
生年月日	birthday
カナ氏名	KanaName
漢字氏名	KanjiName
ログインID	loginid

ログインパスワード	passwd
登録者ID	KinyuID
登録年月日	Opedate

クエリはQOPです。Loginid=POPとして、ログインIDが等しいかを調べます。

図5.8.1-1　クエリQOP

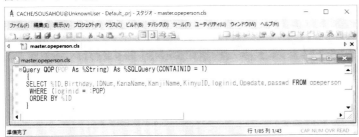

ホームページの管理に必要なのは、以下の3種類の管理者です。

管理に必要な3種類の管理者

名称	ID番号	備考
ID管理者	K001	頭にKを付ける
イベント登録者	E001	頭にEを付ける
天気予報登録者	T001	頭にTを付ける

各管理者が担当しているかがわかるように、ID番号の頭にK、E、Tを付けます。現実には担当者は3名ですが、K001からK999までの管理者のID番号を附番することができます。EもTも同様です。

5.8.2　ログインID管理者用のログインID登録フォームを作成する

これまでと同様に、ログインIDとパスワード登録用の登録フォームを作りましょう。ID管理者が使用するものです。ルーチン名はtourokuid.cspにしましょう。図5.8.2-1のようになったでしょうか？　完成したら、ID管理者、イベント管理者、天気予報管理者、計3名のID情報を登録してください。

パスワードの管理は非常に重要です。誰でも登録できないように管理しなければなりません。はじめに管理者用ログイン画面があり、ログインIDとパスワードのチェックがあり、OKならルーチンtourokuid.cspに進めるようにしましょう。

図 5.8.2-1　管理者用ログイン ID 管理画面

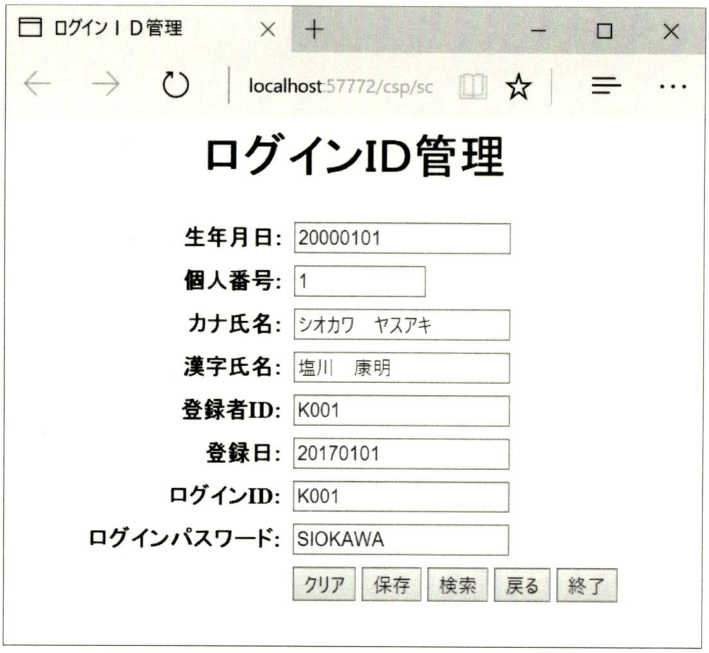

5.8.3　管理者用ログイン画面を作成し、登録フォームと連結させる

　ログイン ID 管理者用のログイン ID とパスワードで登録できる初期画面を作りましょう。ルーチン名は idlogin.csp にしましょう。

　入力されたログイン ID が登録されているログイン ID と等しかった場合、クエリ QOP でそのログイン ID の人のパスワードと入力されたパスワードをチェックします。等しければ、OK としてログイン ID 管理画面が開きます。

① 今回、初めて出てきたものは、パスワードの入力フォームです。これは HTML の機能をそのまま使いました。

② 「次へ」のボタンを押したときに、データを Caché CSP に渡します。

③ メソッドは COSPass です。これは、これまで練習してきましたものと同様です。

④ メソッド内で、入力されたログイン ID が正しいかどうかを master.opeperson と照合します。クエリ QOP を使います。

⑤ 次にパスワードをチェックします。

⑥ OK ならログイン ID 管理画面が開きます。

⑦ 「5.6.2　天気の各種画像を入れて表示する」で画像の表示方法を学びましたので、今回も画像を入れてみます。

コード 5.8.3-1　オペレータ登録　ルーチン idlogin.csp

```
<html>
```

```
<head>
<title>オペレータ登録</title>
<meta http-equiv="Content-Type" content="text/html;
charset=Shift_JIS">
</head>
<body bgcolor="#FFFF00" text="#000000">
<h1 align=CENTER></h1>
<!-- use CSP:OBJECT tag to create a reference to an instance of the
class -->
<csp:Object name="objForm" classname="master.opeperson"
objid=#(%request.Get("OBJID"))#>
<!-- use CSP:SEARCH tag to create a javascript function to invoke a
search page -->
<csp:Search name="form_search" classname="master.opeperson"
where="%Id()" options=predicates,sortbox>
<form name="form" cspbind="objForm" onSubmit='return
form_validate();'>
<center>
<P>
<font size="6">オペレータ登録</font>  ⑦
</P>
<p><img src="../sousahou/ImgF/KIF_0511.JPG" width="454"
height="340"></p>
<table cellpadding=3>
<tr>
<td> <b>
<div align=right>オペレータ番号:</div>
</b> </td>
<td>
<input type=text name=loginid cspbind="loginid" size=20>
</td>
</tr>
<tr>
<td> <b>
<div align=right>パスワード:</div>
```

```
</b> </td>
<td>
<input type=PASSWORD name=passwd cspbind="passwd" size=20> ①
</td>
</tr>
<tr>
<td> </td>
<td>
<input type=button name=btnOK value=  次へ
onClick=#server(..COSPass(self.document.form.loginid.value,self.
document.form.passwd.value))#;> ②
<input type=button name=btnEnd value=ログアウト
onClick=#server(..COSendSession())#;>
</td>
</tr>
</table>
</center>
</form>
<script language=CACHE method="COSPass" arguments="loginid:
%Library.String,passwd:%Library.String" returntype="%Boolean"> ③
set xopeid=loginid
set xpas=passwd
set q=##class(%Library.ResultSet).%New("master.opeperson:QOP") ④
do q.Execute(xopeid)
do q.Next()
set xopep=q.Get("passwd")
do q.%Close()
if xopep=xpas ⑤
{
do %session.Set("KinyuID",xopeid)
&javascript< location.href = "tourokuid.CSP"; > ⑥
}
else
{
&javascript< self.document.location="idlogin.CSP"; >
```

```
}
QUIT 1
</script>
<script language=CACHE method="COSendSession" arguments=""
returntype="%Boolean">
set %session.EndSession=1
QUIT 1
</script>
</body>
</html>
```

　idlogin.cspを起動すると、図5.8.3-1のログインID管理者用ログイン画面が開くでしょうか？

　このルーチンは、「次へ」のボタンを押したときに図5.8.2-1の管理者用ログインID管理画面が開くように、ルーチンtourokuid.cspと連結されています。

図5.8.3-1　オペレータ登録画面　idlogin.csp

5.8.4　イベント管理者と天気予報管理者用ログイン画面を作成する

　ID管理者用、イベント管理者用、天気予報管理者用のログイン画面のルーチン名一覧は、下記のようにしてください。

ログイン画面のルーチン名

用途	ログイン画面	次の登録フォーム	備考
ID管理者用	idlogin.csp	tourokuid	
イベント管理者用	elogin.csp	event	
天気予報管理者用	tenkilogin.csp	tenki tenkik	過去の天気を参照できます。

idlogin.cspをコピーして、イベント管理者と天気予報管理者用のログイン画面を作成しましょう。

図5.8.4-1　イベント管理者用ログイン画面　elogin.csp

図5.8.4-2　天気予報管理者用ログイン画面　tenkilogin.csp

5.9　ホームページの完成

5.9.1　ホームページのボタンを追加する

　週間天気予報の表示は、タテ、ヨコ自由です。画面に文字を表示することも画像を表示することも可能です。さらに、ホームページのトップ画面に、「ホーム」「今月のイベント詳細」「週間天気予報タテ画」「週間天気予報タテ」「週間天気予報ヨコ」の5つのボタンを付けて、比較できるようにしましょう。

コード5.9.1-1　ボタン挿入　ルーチンteventhom.csp

```
<form name="form">
```

```
<center>
<table>
<tr><td>
<input type="button" name="btnHom" value="ホーム"
onClick=self.document.location="teventhom.csp";>
<input type="button" name="btnEvent" value="今月のイベント詳細"
onClick=#server(..COSevent())#;>
<input type="button" name="btnTenki" value="週間天気予報タテ画"
onClick=#server(..COStenkiA())#;>
<input type="button" name="btnTenki" value="週間天気予報タテ"
onClick=#server(..COStenkiB())#;>
<input type="button" name="btnTenki" value="週間天気予報ヨコ"
onClick=#server(..COStenkiC())#;>
</td></tr>
</table>
```

コード　メソッド挿入　ルーチン teventhom.csp

```
</form>
<script language=CACHE method="COSevent" arguments=""
returntype="%Boolean">
&javascript< self.document.location="tevent1.CSP"; >
QUIT 1
</script>
<script language=CACHE method="COStenkiA" arguments=""
returntype="%Boolean">
&javascript< self.document.location="tenkiB1.CSP"; >
QUIT 1
</script>
<script language=CACHE method="COStenkiB" arguments=""
returntype="%Boolean">
&javascript< self.document.location="tenkiB2.CSP"; >
QUIT 1
</script>
<script language=CACHE method="COStenkiC" arguments=""
returntype="%Boolean">
&javascript< self.document.location="tenkiA2.CSP"; >
```

```
QUIT 1
</script>
</body>
</html>
```

ホームページのトップページは図5.9.1-1のようになります。

図5.9.1-1　トップページ　teventhome.csp

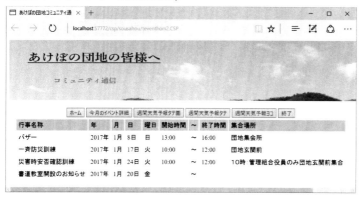

本章のまとめ

　第5章は、データベースに保存されているデータを検索してホームページに表示する方法を説明しています。そのポイントをまとめておきましょう。
- ID番号とパスワードを入力してログインできる機能を追加しました。そのためにはID番号とパスワードの管理が必要です（5.8）。ID番号とパスワードの管理者、イベント登録者、天気予報登録者を設定しました。データベースの管理方法を覚えておきましょう。
- ホームページに画像の表示をする方法を説明しています。
- これまで、条件が1つしかないクエリを使用していましたが、条件が2つあってもクエリが作成できます。これはよく覚えておいてください。
- プロパティを変数にしてみました。汎用プログラムを作成するときには、このような方法も使います。
- ホームページに表示するのに配列を使用してみました。配列により表示形式を変えることができます。
- コメント等、長文のデータを入力できるようにしました。
- 1つの変数に入れることができる文字数は3,641,144文字まで可能です。全角・半角の区別無しです。
- <textarea>で文字を入力する場合、上記制限文字数3,641,144を超えないように注意してくだ

さい。

・プログラムの書き方にも、いろいろな書き方があることを例示しました。プログラマにより
書き方は異なります。アイデアです。論理的で効率のよいプログラムはどう書けばよいかを
研究してください。カット＆ペーストで何にでも使える汎用プログラムを作っておくと便利
です。

第6章　画面構成 ─ メニューにまとめよう

【学習目標】

これまでに作成したルーチンをメニュー一覧から参照できるようにする。

6.1　全体のメニューの作成

6.1.1　作成したルーチン名を一覧にまとめる

メニュー一覧を作成する前に、第1章から第5章までに作成したルーチン名を整理しておきましょう。ルーチンは開発段階で、コピーするごとに、ルーチン名を次々と変更しましたから、最終的なルーチン名は何になっているか、整理が必要です。ルーチン名は以下のようになります。

第1章　CSPの基本を覚えよう ─ 身長を登録する

ルーチン名	内容
◎shincho2	身長を登録する

第2章　計測値（身長・体重）のデータベースを作ろう

ルーチン名	内容
◎sokutei1	身長・体重の計測値を新規登録保存する
sokhozonnew	%requestで身長・体重のデータを受け取り、%Newで新規保存する
○sokuteinew	身長・体重の計測値を新規登録保存する。
sokhonew	%sessionで身長・体重のデータを受け取り、%Newで新規保存する
◎sokutei3	身長・体重の計測値の検索と修正保存を行う
sokhozonre3	%requestで身長・体重のデータを受け取り、%OpenId　%Save()で修正保存する
insatu	身長・体重のデータを測定日順に印刷する
insatu1	身長・体重のデータを登録順に印刷する
yomikomi	CSVファイルのデータを読んで計測値データベースに保存する
yomikomi1	CSVの先頭行にカラムヘッダーがある場合
yomikomi2	CSVの先頭行にカラムヘッダーが無い場合

第3章　Web計算機を作ろう

ルーチン名	内容
◎keisanki	Web計算機を作成する
hozon1	%sessionで新規保存する

第4章　データを集計しよう

ルーチン名	内容
◎ sokutei4	身長・体重の肥満度の平均値を計算し、度数分布表を作成する
sokhozonre	%request でデータを受け取り、%OpenId(xid,4)　%Save() で修正保存する
sokuteim1	身長・体重・肥満度の平均値を計算し、結果を表示する
sokuteim2	身長・体重・肥満度の平均値を計算し、結果を印刷する
sokuteid	身長・体重・肥満度の度数分布表作成と印刷

第5章　ホームページを作ろう

ルーチン名	内容
◎ teventhom	イベントトップページにイベントタイトルを表示する
tevent1	今月のイベント詳細を表示する
tenkiB1	週間天気予報をタテ画面で表示する
tenkiB2	週間天気予報をタテ画面で表示する（タテとヨコの表示を変更できる）
tenkiA2	週間天気予報をヨコ画面で表示する（タテとヨコの表示を変更できる）
◎ idlogin	管理者用ログイン画面を表示する
tourokuid	ID 番号を登録する
◎ elogin	イベント登録者用ログイン画面を表示する
event	イベント登録ログイン画面を表示する
◎ tenkilogin	天気予報登録者用ログイン画面を表示する
tenki	天気予報を登録する
tenkik	過去の週間天気を年月日を指定して表示する

第6章　メニューを作ろう

ルーチン名	内容
◎ sousamenu	メニュー一覧を作成する
◎ sousalogin	メニュー一覧の表紙を作成する

　上記ルーチン名一覧の表を、もう少し細かく見てみましょう。

　例えば、第1章は shincho2.csp になっています。ルーチン shincho2.csp の画面には、ボタンは「クリア」、「保存」、「検索」、「終了」の4個が付いています。ボタンを押せば、それぞれの仕事をしてくれます。すなわち、ボタンはメニューのようなものなのです。しかし、第1章は別のページに飛ばしていませんから、画面は1つです。

　第2章のルーチンは sokutei1.csp です。第1章と同じ4個のボタン以外に、「新規保存」というボタンと同じ形をしたものが付いています。しかしこれはボタンではなく submit です。「新規保存」を押しますと、別のルーチン sokuhozonnew.csp に飛んでいます。sokutei1.csp で入力したデータを sokhozonnew.csp で受け取りデータベースに保存しています。無事保存が完了した場

合は、「保存完了」のメッセージを表示します。次に、ボタン「戻る」を押せば、元のsokutei1.csp
に戻ってきます。

　一般に、業務システムを構築する場合、ルーチン相互の関係を画面推移図で表現し、それぞ
れの業務に応じたメニューを作成します。図6.1.1-1、図6.1.1-2、図6.1.1-3に、ボタンだけに注目
した、ごく簡単な画面推移図を作成してみました。

　図中に◎の付いたルーチンをメニュー一覧に入れましょう。第2章のルーチンsokuteinew.csp
には◎を付けていません。このルーチンはsokutei1.cspと画面の形はまったく同じです。新規
保存をする方法として、%requestを使用する方法と、%sessionを使用する方法の2つがある
ことを説明するために作成したものです。同じ画面を表示すると混乱しますから、今回は、
sokuteinew.cspはメニュー一覧に入れないでおきましょう。

　なお、図中の◎の付いたルーチン、例えば第1章のshinxho2.cspや第2章のsokutei1.cspには、
「戻る」ボタンを付けていませんでした。しかし、メニュー一覧からこれらのルーチンにリンク
を張る以上、最後は「戻る」ボタンでメニュー一覧画面に戻ってきて、次の画面を選択するこ
とができるように、各々のルーチンに「戻る」ボタンを追加してください。

　図6.1.1-3は第5章の続きです。ここは、ホームページの管理者、イベント登録者、天気予報
登録者が使用する画面ですから、特殊なものです。通常はこのようにログイン画面を作成して
データベースを管理する、という見本です。本来なら別メニューにすべきものですが、ここの
メニュー一覧はCSP入門書をまとめたメニュー一覧ですから、メニュー一覧の中に入れました。

図6.1.1-1　画面推移図

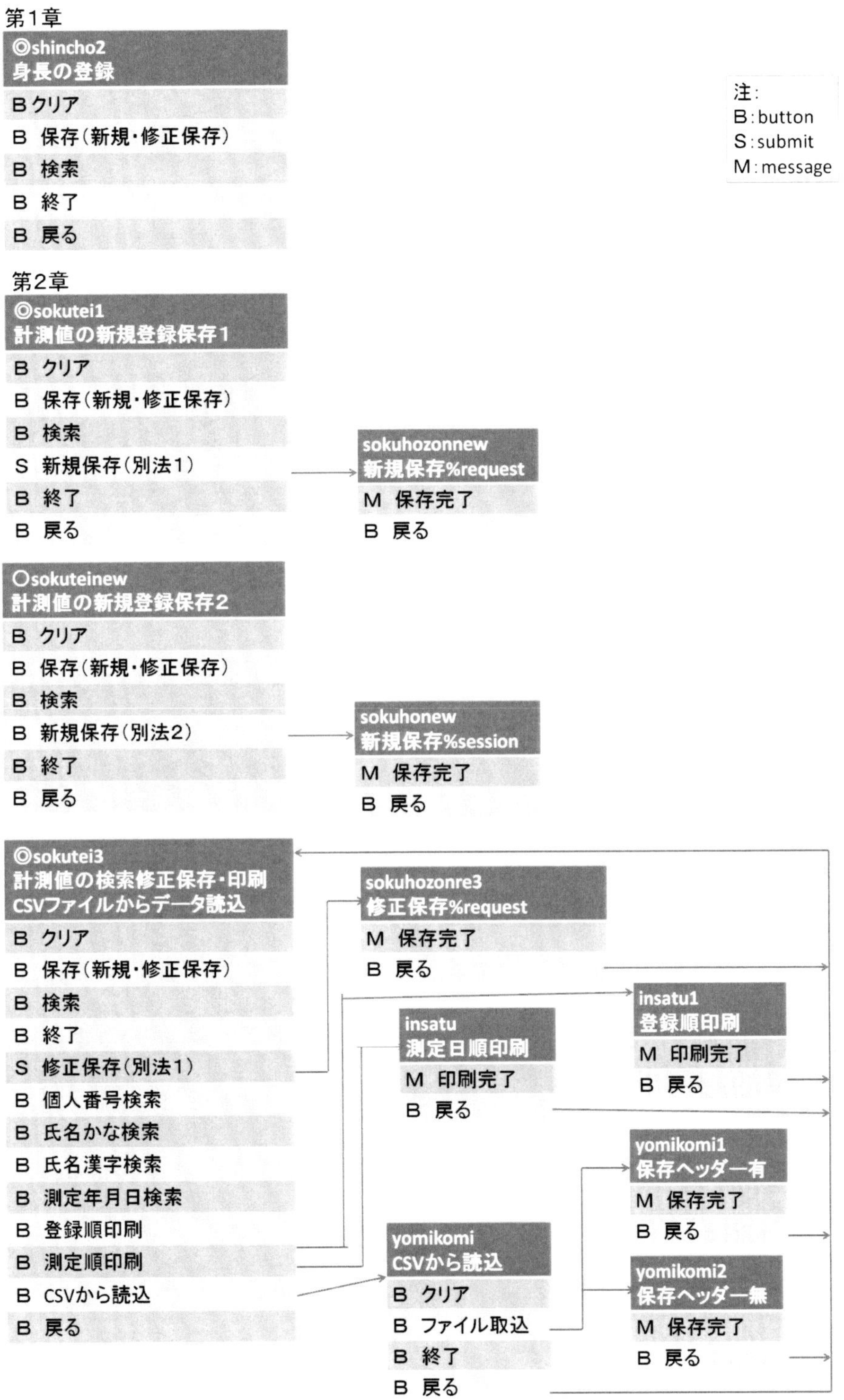

注:
B：button
S：submit
M：message

第1章

◎shincho2
身長の登録

B クリア
B 保存（新規・修正保存）
B 検索
B 終了
B 戻る

第2章

◎sokutei1
計測値の新規登録保存1

B クリア
B 保存（新規・修正保存）
B 検索
S 新規保存（別法1） → sokuhozonnew / 新規保存%request
B 終了
B 戻る

　　　　sokuhozonnew
　　　　新規保存%request
　　　　M 保存完了
　　　　B 戻る

○sokuteinew
計測値の新規登録保存2

B クリア
B 保存（新規・修正保存）
B 検索
B 新規保存（別法2） → sokuhonew / 新規保存%session
B 終了
B 戻る

　　　　sokuhonew
　　　　新規保存%session
　　　　M 保存完了
　　　　B 戻る

◎sokutei3
計測値の検索修正保存・印刷
CSVファイルからデータ読込

B クリア
B 保存（新規・修正保存）
B 検索
B 終了
S 修正保存（別法1）
B 個人番号検索
B 氏名かな検索
B 氏名漢字検索
B 測定年月日検索
B 登録順印刷
B 測定順印刷
B CSVから読込
B 戻る

sokuhozonre3
修正保存%request
M 保存完了
B 戻る

insatu
測定日順印刷
M 印刷完了
B 戻る

insatu1
登録順印刷
M 印刷完了
B 戻る

yomikomi
CSVから読込
B クリア
B ファイル取込
B 終了
B 戻る

yomikomi1
保存ヘッダー有
M 保存完了
B 戻る

yomikomi2
保存ヘッダー無
M 保存完了
B 戻る

図6.1.1-2　画面推移図続き1

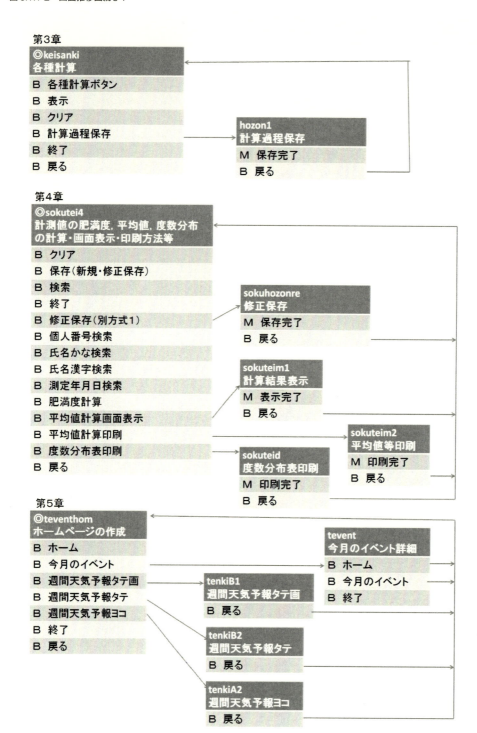

図6.1.1-3　画面推移図続き2

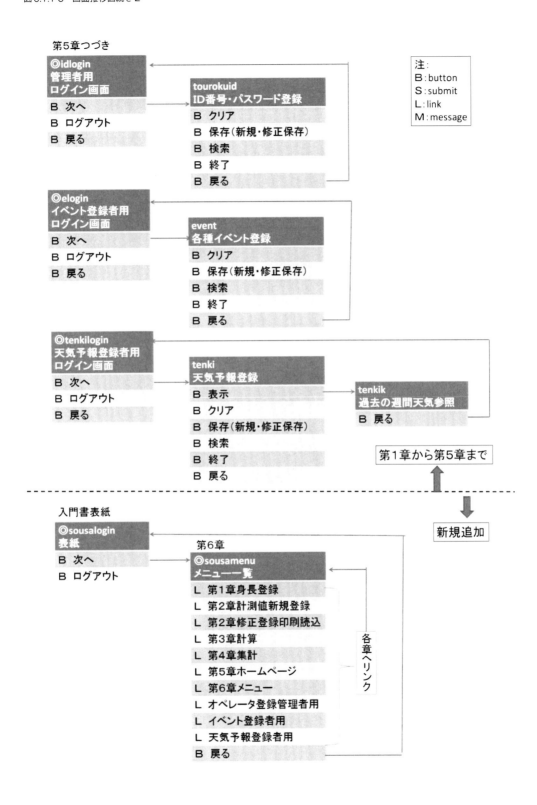

6.1.2 メニューを作る

第1章から第5章のルーチンの整理ができました。メニュー一覧を作成しましょう。メニュー一覧の中に、一応、「第6章メニューを作ろう」も入れておきましょう。

メニュー一覧は、通常のホームページと同じように、リスト形式で、<a href> ～ </a> で次のページにリンクさせます（第2章参照）。メニュー一覧だけでは寂しいので、メニュー一覧の下に、第1章から第6章までの学習目標を列記しましょう。

最近のホームページでは、CSSを使用して、メニュー一覧と学習目標をPC画面ではヨコ2列に表示し、スマートフォンではタテ1列（メニュー一覧の次に学習目標）に表示させることが可能です。しかし本書は、HTMLの解説書ではありません。CSSを使用しないで、メニュー一覧と学習目標をタテ一覧に表示し、PCでもスマートフォンでも見えるようにしています。

メニュー一覧のルーチンは、ルーチン名sousamenu.csp で保存してください。スマートフォンでも見えるように、横幅を小さくしています。下記にルーチンの一例を示します。また、図6.1.3-2にメニュー一覧の画面例を表示します。

コード6.1.2-1　メニュー一覧　ルーチンsousamenu.csp

```
<html>
<head>
<title>簡単に作れるWeb開発CSP入門</title>
<p><img src="../sousahou/ImgFile/title201742.png" width="314"
height="66"></p>
<meta http-equiv="Content-Type"
content="text/html;charset=Shift_JIS">
</hed>
```

次に、操作方法の目次を入れます。

```
<body bgcolor="#CCCCFF" text="#000000">
<form>
<table width="350" border="0" cellpadding="2" cellspacing="5"
height="155">
<tr>
<td><b><font color="#990000">操作法：目次</font></b></td>
</tr>
<tr>
<td bgcolor="#FFFFFF" valign="top"><a
href="../sousahou/shincho2.csp" target="">
<p>第1章　CSPの基本を覚えよう　―　身長を登録する</p></a></td>
```

206　第6章　画面構成 ― メニューにまとめよう

```
</tr>
<tr>
<td bgcolor="#FFFFFF" valign="top">
<p>第2章　データベースの作成　—　計測値のデータベースを作ろう</p></td>
</tr>
<tr>
<td bgcolor="#FFFFFF" valign="top"><a
href="../sousahou/sokutei1.csp" target="">
<p>・・・(1) 新規登録保存</p></a></td>
</tr>
<tr>
<td bgcolor="#FFFFFF" valign="top"><a
href="../sousahou/sokutei3.csp" target="">
<p>・・・(2) 検索修正保存</p></a></td>
</tr>
```

sousamenu.cspの最後は、以下のとおりです。

```
<tr>
<td>6</td><td bgcolor="#FFFFFF">第1章から第5章で作成したルーチンをメニュー一覧に
纏める。</td>
</tr>
</table>
</form>
<script language=CACHE method="COSendSession" arguments=""
returntype="%Boolean">
set %session.EndSession=1
QUIT 1
</script>
</body>
</html>
```

　実行してみてください。図6.1.3-2のようになったでしょうか？

　6.1.1でまとめたルーチン一覧の中で◎の付いた10個のルーチンをメニュー一覧にリンクさせましょう。各々の10個のルーチンに「戻る」ボタンを追加して、sousamenu.cspに戻れるようにしましょう。図6.1.3-2にメニュー一覧の画面を表示しています。

　メニュー一覧には、操作法のメニュー以外に、管理者用メニューを作成しています。管理者

第6章　画面構成 — メニューにまとめよう　207

用メニューには、オペレータ番号（ログインID）とパスワードを管理する管理者、イベント登録者、週間天気予報登録者の4つがあり、オペレータ番号とパスワードがないとログインできないようにしています。

6.1.3　ログイン画面を作る

メニュー一覧sousamenu.cspが完成しましたので、次に入門書の表紙となるログイン画面sousalogin.cspを作成しましょう。

ログイン画面では、利用者のID番号とパスワードの入力を求めるのが原則です。しかし、入門書ですから、利用者が不特定多数となるためID番号とパスワードを付けることができません。悩むところですが、とりあえずログイン画面ではID番号とパスワードの入力を求めないことにしましょう。ただし、「ログアウト」は必要です。

ログイン画面の「次へ」でメニュー一覧に入ります（図6.1.3-1～図6.1.3-2参照）。

コード6.1.3-1　メニュー一覧の表紙　ルーチンsousalogin.csp

```
<form name="form" cspbind="objForm" onSubmit='return
form_validate();'>
<center>
<p> <img src="../sousahou/ImgFile/title2017.png" width="213"
height="120"> </p>
<p><font size="6">簡単に作れるWeb開発CSP入門</font></p>
<p1><font size="4">-高速データベースを使ってみよう-</font></p1>
<p1> </p1>
<table cellpadding=3>
<tr><td> </td></tr>
<tr><td>
<input type=button name=btnOK value=次へ
onClick=#server(..COSnext())#;>
<input type=button name=btnEnd value=ログアウト
onClick=#server(..COSendSession())#;>
</td></tr>
</table>
</center>
</form>
<script language=CACHE method="COSnext" arguments=""
returntype="%Boolean">
&javascript< location.href = "sousamenu.CSP"; >
```

208　第6章　画面構成 — メニューにまとめよう

```
QUIT 1
</script>
<script language=CACHE method="COSendSession" arguments=""
returntype="%Boolean">
set %session.EndSession=1
QUIT 1
</script>
</body>
</html>
```

　ルーチンsousalogin.cspとsousamenu.cspが完成したなら、sousalogin.cspを開いて、「表示」→「ブラウザ」を選択して表示します。図6.1.3-1のログイン画面が表示されます。

　「次へ」を選択すると、図6.1.3-2のメニュー一覧が表示されます。操作法：目次、管理者用：目次、学習目標の順に表示されているかどうか？、欠けている章がないか？など、画面を確認してください。

　目次の中の章を選択しますと、その章のルーチンが稼働します。各章の「戻る」ボタンで目次に戻ります。各章の「戻る」ボタンは今回追加していますので、追加忘れがないか確認する必要があります。

　メニュー一覧の下にも「戻る」ボタンを追加してください。メニュー一覧の「戻る」ボタンを押すと、入門書のログイン画面が表示されます。ここで終了するときは「ログアウト」ボタンを押してください。

　これで完成です。

　これまで作成してきた多数のルーチンの中で、ルーチン名sousalogin.cspさえ覚えておけば、入門書にあるすべての画面を参照できます。これは大変便利です。

図6.1.3-1　入門書のログイン画面

図6.1.3-2　メニュー一覧　図6.1.3-3　学習目標

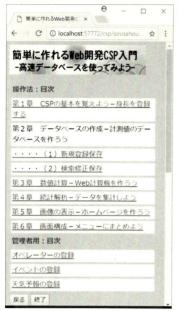 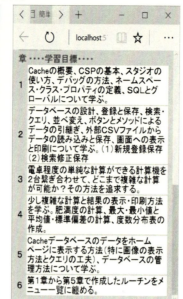

図6.1.3-4　メニュー一覧の続き

図6.1.3-5　メニュー一覧の続き

210　第6章　画面構成 ― メニューにまとめよう

図6.1.3-6　メニュー一覧の続き

図6.1.3-7　メニュー一覧の続き

図6.1.3-8　メニュー一覧の続き

第6章　画面構成 — メニューにまとめよう

図6.1.3-9 メニュー一覧の続き

図6.1.3-10 メニュー一覧の続き

図6.1.3-11 メニュー一覧の続き

本章のまとめ

　第6章は、第1章から第5章までのメニューを作るのが目的です。全章のルーチンを整理しました。本来ならば、画面推移図を作成しなければならないところですが、省略して全章のルーチン名一覧を記載しています（6.1）。

・メニューではパスワードで管理する業務とホームページ等の公開している業務との区分けをしました（6.1）。

・学習目標一覧を記載しています。

・スマートフォンでも読めるように画面幅を小さくしています。

第7章 全章のまとめ — その他の基本事項と全体のまとめ

【学習目標】

コンピュータの基本構成、変数と配列・多次元配列、ローカル変数とグローバル変数、汎用プログラムの作成方法について学びます。最後に本書で使用しているHTMLの要素と Caché ObjectScript について要約します。

7.1 変数と配列

7.1.1 コンピュータの基本構成

コンピュータの基本構成は、下記のような構成になっています。

入力装置 → コンピュータ本体 → 出力装置

　① CPU（中央処理装置）

　② 主記憶装置（メモリ）

　↓↑

　③ 外部記憶装置（ストレージ）

① CPUには、演算装置と制御装置があります。入力されたデータをメモリに入れたり、計算させたりするのが制御装置です。制御装置は演算装置、主記憶装置、外部記憶装置、入力装置、出力装置のすべてを制御しています。コンピュータを動かすには、コンピュータにどのように動けばよいか指示を与える必要があります。指示を与えるのがプログラムです。制御装置はプログラムの指示どおりに動いて指示された作業をします。

② 主記憶装置のことをメモリと言います。入力装置から入力されたデータはこのメモリに入ります。保存しておきたいデータはメモリから外部記憶装置に移して保存します。必要になれば外部記憶装置からデータをメモリに移します。メモリとは作業領域のようなもので、作業が終了して電源を切ってしまえば、メモリ上のデータは消えてしまいます。

③ 外部記憶装置は、最近ではストレージと言います。主としてハードディスク等で、データを永続的に記憶する装置です。すなわち、電源を切ってもここに保存されたデータは消えないようになっています。保存しておきたいデータはここに保存します。プログラムもここに保存されています。

7.1.2 変数と配列

メモリとはデータを入れる箱です。箱には番地が付いていて、この番地でデータの出し入れ

をしていますが、わかりやすくするために、番地の代わりに箱ごとに名前を付けて、この名前でデータのやり取りをします。この名前のことを変数名と言います。

例えば箱Aに5が入り、箱Bに3が入っていたとします。箱Cに5＋3の答えを入れたいとき、Caché ObjectScriptのプログラムでは、

　　S　　A=5　・・・・Aニ5ヲイレル
　　S　　B=3　・・・・Bニ3ヲイレル
　　S　　C=A+B　・・・Cニ A+Bノ答エヲイレル
　　W　　C　　・・・・Cに入っているものを表示する

と書きます。Sはsetの頭文字、Wはwriteの頭文字です。どちらを使ってもかまいません。

学校での一人の生徒の試験の成績（算数、国語、社会）を入れる箱として、メモリ上に、X、Y、Zという変数名をとったとします。試験の科目名は3種類ですから、3種類の変数名を付けなければなりません。

そこで、X、Y、ZをSEIという変数名にまとめます。すなわち

X　→　SEI（1）・・・算数
Y　→　SEI（2）・・・国語
Z　→　SEI（3）・・・社会　　まとめて　SEI（J）　J＝1〜3

とすることができます。これを配列と言います。

では、そのクラス全員の成績はどのように表現できるのでしょうか？
例えば、そのクラスの5名の生徒の学年、組、番号、氏名、算数、国語、社会の成績は、
SEI(I, J)とすることができます（図7.1.2-1）。ひとまとめにして、
SEI(I, J)　　I＝1〜5，J＝1〜7　　と表現できます。

7.1.3　2次元配列

SEI(I, J)のような変数を添字付き変数と言います。IやJを添字と言います。

1次元配列　　　SEI(I)のように添字が1つの場合を1次元配列
2次元配列　　　SEI(I, J)のように添字が2つの場合を2次元配列
3次元配列　　　SEI(I, J,K)のように添字が3つの場合を3次元配列

　　・
　　・

と続きます。

2次元配列の一般型を図7.1.3-1の下段に示します。CachéデータベースはSQLで検索できるように2次元配列になっています。したがって、グローバルも2次元配列になっています。しかし、Cachéデータベースそのもの（グローバル）は、木構造（階層構造）のデータベースですから、何次元でも可能です。

図7.1.3-1　学年の成績

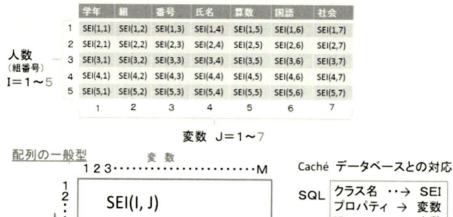

7.1.4　ローカル変数とグローバル変数

　メモリ上にある変数をローカル変数と言います。コンピュータの電源を切ったときにローカル変数は消えてしまいます。Cachéデータベースは外部記憶装置に設定されています。Cachéデータベースに保存される変数をグローバル変数と言います。意図的に消去しないかぎり永久に保存されます。どのようにして保存されるのでしょうか？

　ローカル変数A、B、Cがあったとします。その変数名に^を付けただけで、グローバル変数になります。すなわち

　　set　^A = A
　　set　^B = B
　　set　^C = C

とすればグローバル変数としてCachéデータベースに登録されます。

　配列ならば、例えば、^SEI(1,1)となります。一般型は

　　^SEI(I,J)　　I＝1，M　　J＝1，N

となります。

　クラスで登録すれば二次元配列の一般型になっています。

7.1.5　汎用プログラムの作成方法を考える

　学校での試験の成績（算数、国語、社会）を入れる箱として、二次元配列の一般型を考えました（図K.1.3-1）。しかし、実際には、試験の成績だけではなく、アンケートの集計結果であったり、本の購入申込者であったりと、変数名、変数数、例数はいろいろ変わります。

Cachéデータベースを用いる場合、図7.1.3-1に示しましたように、

　成績・・・・クラス

　科目名・・・プロパティ

です。クラスを定義するときに、プロパティ名を

　A01, A02, A03・・・・・・・・・・・・・・・

としておけば、A99、すなわち99個のプロパティを登録することができます。クラスはコピーするだけ、プロパティは適宜調整するだけで済みます。どの業務にも使用できる汎用プログラムを作成することができます。どのようにすれば、便利な汎用的なプログラムが作成できるか？　いろいろ工夫してください。

7.2　全体のまとめ

7.2.1　Caché CSPの基本構造

　ホームページはページ単位になっています。すなわちトップページ（index.html）があり、そこからいくつかのページに枝分かれ（link）しています。見たいページを選べば、そのページが表示されます。

　Caché CSPも同じです。プログラムはページ単位になっています。ページ単位のプログラムをCachéではルーチンと言ったりします。

　Caché CSPの基本構造は、HTMLの基本構造と同じです。

```
<html> ～ </html>
<head> ～ </head>
<body> ～ </body>
```

　Caché CSPもHTML同様に、スクリプトを組み込むことができます。

HTML	Caché CSP
\<script\> ～ \</script\>	\<script language=CACHE\> ～ \</script\> ◎この中でHTMLの要素を使用したいとき &HTML<＜ ～ ＞> 　二重のタグ ◎メソッドの中でjavascripを使用するとき &javascript< ＞ 次のページを指定 フォーム\<input\>にデータを表示する

　基本構造は同じですから、Caché CSPの中でHTMLの要素を自由に使用することは可能です。しかし、本書は、Caché CSPの入門書ですから、HTMLの要素をなるべく使用しないようにしています。本書で使用しているHTMLの要素を7.2.2に列記します。詳細はHTMLの解説書で調べてください。

7.2.2 本書で使用しているHTMLの要素

データ入力はHTMLのフォームinput要素を用いています。

データ入力関係

<input type="text">	1行の文字入力フィールド
<textarea >～</textarea>	複数行の文章入力フィールド
<select><option >	プルダウンメニューより選択入力
～</option></select>	メニュー内容はoptionに表記
<input type="password">	パスワードの入力
<input type="file">	ファイルを選択してアップロードする

ボタン関係

<input type="button">	・ボタン自体には既定の動作はない ・ボタンに表示する内容を指定できる ・メソッドに引数を渡すことができる
<input type="submit">	・送信ボタン ・次のページを指定できる

表示関係

表(テーブル)の表示 <table><tr><td>～</td></tr></table>	・データを表形式で表示する ・表、行、セルを定義する
ページに変数の値の表示 <td>#(AA)#</td>	変数AA=5のとき、AAを#( )#で囲めば、5が画面(ページ)に表示される
画像の表示 <img src= >	画像を表示する
次のページの指定 href=	次のページへのリンクを設定する
<a href= >～</a>	・次のページへのリンク可 ・現在のページへもOBJIDを付けてデータも同時に転送することができる
< location.href= >	次のページへのリンクを設定する
<. self.document.location= >	現在のページへのリンクを設定する

7.2.3 Caché ObjectScript

コマンドと関数

Read	読む
Write	書く
Set	変数に入れる
Do	実行する
If	もし（条件）一致なら次を実行
For	繰り返し F I=A:B:C 初期値 A から B ずつ増えて C まで
=	等号 A=3　A に 3 を入れる
>	比較 A>B　A は B より大きい
<	比較 A<B　A は B より小さい
'	否定 A'<3　A が 3 より小でないなら
[	包含 A["BC"　A の中に文字列"BC"が含まれているなら
?	パターン照合　A?1N　A は 1 桁の数字なら
&	改頁，条件　A=3&(A=6)　A=3 かつ (and)A=6 なら
!	改行，条件　A=3!(A=6)　A=3 または (or)A=6 なら
" "	文字列
""	文字列なし（入力しないでエンターキーのみ押したとき）
While 条件| |	もし（条件）一致なら次を実行
Kill 部分 Kill	ファイルを消す　または一部消す
Quit	終了
$Order	保存したデータを呼び出す（グローバルを順に検索）
引数なし Do	次を実行する　$Order と組み合わせて使用する
$Get	グローバルのデータを取り出す
$Data	データが存在するか調べる
<UNDEF>	・データが存在していないとき、このエラーメッセージが出る ・事前に $Data でデータの存在を調べておかなければならない
結合子 _	データとデータを区切り記号（結合子）で結合する
$Piece	データを区切り記号で分割する
$Length	文字列の文字数を調べる
$Extract	文字列から指定した文字数の文字列を抽出する
$H	日時に関する関数。今日の日時を表示する
$ZDate	$H を通常の形に変形する

クラス関係 1

new	新規
①新規保存	クラスにデータを新規保存
%session.Get	事前に保存するデータを取得
%request.Get	事前に保存するデータを取得 set xshincho=%request.Get("shincho")

第 7 章　全章のまとめ ― その他の基本事項と全体のまとめ　219

%New()	set q=##class(sousa.keisan).%New() set q.shincho=xshincho
%Save()	set ss=q.%Save()
%Close()	set sc=q.%Close()
%OpenId	指定した ID のデータを開く

クラス関係2

②修正保存	クラスのデータを修正保存する
%request.Get	前頁のデータを受け取る set xid=%request.Get("OBJID") set xshincho=%request.Get("shincho")
%OpenId(xid)	set q=##class(sousa.keisoku).%OpenId(xid) set q.shincho=xshincho
%Save()	set ss=q.%Save()
%Close()	set sc=q.%Close()
%session.Set	その頁のデータを一時保存する do %session.Set("N",1)
%session.Get	保存したデータを取り出す set kazuA=%session.Get("kazuA")

クラス関係3

③検索・参照	クラスのデータを検索して取り出す
%New(……)	set q=##class(%Library.ResultSet).%New("sousa.keisoku:QBANGO")
do Execute(..)	do q.Execute(xval)
while Next()	while q.Next() 　　｜
Get(..)	set xa05=q.Get("shincho") 　　｜
%Close()	set sc=q.%Close()

印刷関係

Open file("NSW")	ファイルを開く (CSV ファイルへ印刷)
Open file("R")	ファイルを開く (CSV ファイルから読み込む)
Use file	そのファイルを使用する
Close file	ファイルを閉じる
$IO	使用中のページ
oldIO	元のページ

7.2.4　用語集

■ $

$IO 印刷・・・・・第2,4章

$IO 読込・・・・・第2章

■ %

%Close() 検索・・・・・・・・・第2,4,5章

%Close() 新規保存・・・・・・・第2,3章

%Id・・・・・・・・・・・・第1,2章

%New( ) 検索・・・・・・・・第2,4,5章

%New() 新規保存・・・・・・・第2,3,4章

%OpenId() 修正保存・・・・・第2,4章

%request.Get 修正保存・・・・第1,2,4章

%request.Get 新規保存・・・・第1,2,4章

%Save() 新規保存・・・・・・第2,3章

%session・・・・・・・・・第1,3,4章

%session.Data・・・・・・・・第3,5章

%session.Get・・・・・・・・第2,3,5章

%session.Set・・・・・・・・・第2,3,5章

■ A

Action・・・・・・・第2,4章

Arguments・・・・・第2,3章

■ C

Close file 印刷・・・・・第2,4章

Close file 読込・・・・・第2章

csp:search・・・・・・・第2章

cspbind・・・・・・・第1,2,3章

cspbind・・・・・・・第2,4章

■ E

EndSession・・・・・第1,3,4,6章

Execute() 検索・・・・・第2,4,5章

■ G

Get 検索・・・・・第2,4,5章

■ I

ID・・・・・第1章

■ M

Method・・・・・第1,2,3,5章

■N

Next() 検索・・・・・第2,4,5章

■O

OBJID・・・・・・・・・第1,2章

Open file("NSW")・・・・第2,4章

Open file("R")・・・・・・第2章

■Q

QUIT・・・・・第1,2章

■R

Readonly・・・・・第1章

■S

SQL・・・・・・第1章

Submit・・・・・第2,4章

sys_Id・・・・・第1,2,4章

■U

Use file r・・・・・・・・第2,3章

Use file w・・・・・・・・第2,4章

Use oldIO w 印刷・・・・・第2,4章

Use oldIO w 読込・・・・・第2章

■イ

インスペクタ・・・・・第2,3章

インポート・・・・・・・第2章

■ウ

ウェブフォームウィザード・・・・・第1,2,3,4章

■エ

エクスポート・・・・・第2章

■カ

階層構造データベース・・・・・・第1,6章

外部ファイルから読み込み・・・・第2章

外部ファイルへ印刷・・・・・・・第2,4章

外部ファイル保存・・・・・・・・第2章

外部ファイル名選択・・・・・・・第2章

カラムヘッダー削除・・・・・・・第2章

管理ポータル・・・・・・・・・第1,2,3章

■キ

期間設定検索・・・・・・・第5章

木構造データベース・・・・・第1章

■ク

クエリ並び変え表示・・・・・第5章

クエリの使い方・・・・・・・第1,5章

クエリを補完するもの・・・・・第2章

クラス・・・・・・・・・・第1,2,3,5章

グローバル・・・・・・・・・第1,2,3,5,7章

グローバルにして検索・・・・・第5章

グローバル変数・・・・・・・第1章

■ケ

検索・・・・・第1章

■コ

コンパイル・・・・・第1章

■シ

修正保存・・・・・・・・第2,4章

終了・・・・・・・・・・第1,3章

条件合致したもの表示・・・・・第2,5章

新規保存・・・・・・・・・第2,4章

新規クエリウィザード・・・・・第2章

■ス

スタジオ・・・・・第1章

■セ

セッション・・・・・・・第1章

全データ検索・・・・・・・第2,5章

全データ検索 Get・・・・・第2,4,5章

■タ

ターミナル・・・・・・・第1,3章

ターミナルの終了・・・・・第3章

■テ

データベース・・・・・・・・・第1章

データベースウィザード・・・・・第1章

■ト

ドキュメント・・・・・第1章

■ネ

ネームスペース・・・・・第1,2章

■ハ

パッケージ・・・・・第1,2章

■ヒ

引数・・・・・第2,3章

■フ

ブラウザで表示・・・・・第1章

プロパティ・・・・・・・第1,2,3,5章

■ヘ

変数と配列・・・・・第7章

■ホ

ボタンとメソッド・・・・・第2,3,4,5章

■メ

メソッド・・・・・第1,2,3,5章

■モ

文字列の最大長・・・・・第5章

■ロ

ローカルデータベース・・・・・第1章

ローカル変数・・・・・・・・第1章

■記号

=・・・・・第3,4章

'=・・・・・第2,4,5章

>・・・・・第3,4章

<・・・・・第2,3,4章

[・・・・・第3章

?・・・・・第3章

&・・・・・第2,3,4,5章

!・・・・・第3章

""・・・・・第2,4章

■コマンド

Do・・・・・第2,3,4,5章

Else・・・・・第2,5章

For・・・・・第2,3,4,5章

If・・・・・・第2,3,4,5章

Kill・・・・・第2章

New・・・・・第2,5章

Null・・・・・第2章

Quit・・・・・第1,2,3,4章

Read・・・・・第2章

Set・・・・・・第2,3章

While・・・・第2,4,5章

Write・・・・・第2章

■関数

$Order・・・・・・第2章

引数なしDo・・・・第2,4章

$Get・・・・・・・第2章

$Data・・・・・・第2章

$Piece・・・・・・第2,4,5章

結合子・・・・・・第2,3,5章

区切り記号・・・・・第2,5章

$Length・・・・・第5章

$Extract・・・・・第4,5章

$H・・・・・・・・第2,4,5章

$ZDATE・・・・・第2,4,5章

■計算

四則演算・・・・・・第3章

AのB乗・・・・・・第3章

Aの平方根・・・・・第3,4章

円周率・・・・・・・第3章

文字列の計算・・・・第3章

計算式・・・・・・・第3章

計算の桁数・・・・・第3章

[HTML関係]

■表の表示

<table><tr><td> </td></tr></table>・・・・・第1章

■変数の表示

#(AA)#・・・・・第2,4,5章

■画像の表示

img src=・・・・・第5,6章

■フォームに表示

self.document.form・・・・・第3,4章

■リンク

a href 今の頁・・・・・・・・・・・・ 第2章

self.document.location 今の頁・・・・・第2,3,4,5章

a href 次の頁・・・・・・・・・・・・ 第6章

location.href 次の頁・・・・・・・・ 第5,6章

action・・・・・・・・・・・・・・・第2章

submit・・・・・・・・・・・・・・ 第2章

■HTML formのCachéScript

runat=・・・・・・・第2,3,4,5章

&HTML・・・・・・ 第2,5章

&javascript・・・・・第3章

■HTMLのform

Input・・・・・・・・・・・ 第5章

Select・・・・・・・・・・ 第5章

Option・・・・・・・・・・・第5章

Textarea・・・・・・・・・ 第5章

パスワード登録・・・・・・ 第5章

PASSWORD・・・・・・・第5章

ファイル名指定入力・・・・第2章

File・・・・・・・・・・・・第2章

著者紹介

山本　和子 (やまもと　かずこ)

大阪大学薬学部卒業。大阪医科大学衛生学公衆衛生学教室に就職し、統計解析にFORTRAN
を独学で勉強。その後アメリカの病院外来システムCOSTERを視察してからM言語を勉強
し、カルテ管理システム・入院患者の退院サマリ登録システムを開発。それが縁で福井大
学、島根大学に転職し、病院情報システムの開発に携わる。退職後はJava Scriptを勉強中。
趣味は読書。好きな作家は塩野七生「ローマ人の物語」。

山本　聡 (やまもと　さとし)

関西大学大学院工学研究科電子工学専攻修了。いくつかの会社勤務後フリーに。2000年8
月株式会社ループス設立。電子工作が趣味だった頃にCPUというパーツとしてマイコンを
知りこの世界へ入ってきたため、回路設計やFPGA等ハードウェア開発にも多少の心得があ
り、ハードもできるソフト屋として組込系の開発を主としているが、web系オープン系と
手広く開発に携わり、よくも悪くも何でも屋になってしまっている。IoT関連等、組込系セ
ミナー講師もたまに頼まれる。

◎本書スタッフ
アートディレクター/装丁：　岡田 章志＋GY
制作協力：　種村 嘉彦
デジタル編集：　栗原 翔

●お断り
掲載したURLは2017年12月22日現在のものです。サイトの都合で変更されることがあります。また、電子版では
URLにハイパーリンクを設定していますが、端末やビューアー、リンク先のファイルタイプによっては表示されない
ことがあります。あらかじめご了承ください。
●本書の内容についてのお問い合わせ先
株式会社インプレスR&D　メール窓口
np-info@impress.co.jp
件名に「『本書名』問い合わせ係」と明記してお送りください。
電話やFAX、郵便でのご質問にはお答えできません。返信までには、しばらくお時間をいただく場合があります。な
お、本書の範囲を超えるご質問にはお答えしかねますので、あらかじめご了承ください。
また、本書の内容についてはNextPublishingオフィシャルWebサイトにて情報を公開しております。
http://nextpublishing.jp/

●落丁・乱丁本はお手数ですが、インプレスカスタマーセンターまでお送りください。送料弊社負担 にてお取り替えさせていただきます。但し、古書店で購入されたものについてはお取り替えできません。
■読者の窓口
インプレスカスタマーセンター
〒101-0051
東京都千代田区神田神保町一丁目105番地
TEL 03-6837-5016／FAX 03-6837-5023
info@impress.co.jp
■書店／販売店のご注文窓口
株式会社インプレス受注センター
TEL 048-449-8040／FAX 048-449-8041

簡単にできるWeb開発―CSP入門
高速のオブジェクト指向データベースを使ってみよう

2017年12月22日　初版発行Ver.1.0（PDF版）

著　者　山本 和子, 山本 聡
編集人　桜井 徹
発行人　井芹 昌信
発　行　株式会社インプレスR&D
　　　　〒101-0051
　　　　東京都千代田区神田神保町一丁目105番地
　　　　http://nextpublishing.jp/
発　売　株式会社インプレス
　　　　〒101-0051　東京都千代田区神田神保町一丁目105番地

●本書は著作権法上の保護を受けています。本書の一部あるいは全部について株式会社インプレスR&Dから文書による許諾を得ずに、いかなる方法においても無断で複写、複製することは禁じられています。

©2017 Yamamoto Kazuko, Yamamoto Satoshi. All rights reserved.
印刷・製本　京葉流通倉庫株式会社
Printed in Japan

ISBN978-4-8443-9796-0

NextPublishing®

●本書はNextPublishingメソッドによって発行されています。
NextPublishingメソッドは株式会社インプレスR&Dが開発した、電子書籍と印刷書籍を同時発行できるデジタルファースト型の新出版方式です。http://nextpublishing.jp/